誰かに話してみたくなる
数学小噺

芳沢光雄
Yoshizawa Mitsuo

ベスト新書
398

はじめに

 数学教育活動を始めて、気が付くと20年近くになった。その間、もっとも力を注いできたことは数学嫌いな人達の気持ちを変えることであった。「数学の発想は誰にでも役立つ」、「数学の考え方は面白い」などを様々な視点から訴えてきた。北は北海道立浜頓別高等学校から、南は鹿児島県日置市立鶴丸小学校まで全国の小・中・高校のべ200校以上で出前授業も行った。数学嫌いな大学生が多く在籍している現在の本務校では、専門の数学、教職の数学、数学の発想、高校数学の復習などの授業の他に、就職委員長時代には夜間の「就活の算数」ボランティア授業も行った。
 ところが最近、今までの数学教育活動で気付いていなかった重要なことがあることを悟った。「役立つ」や「面白い」だけでは不十分で、「心から笑える」という要素を話の勘所に入れることだ。それは私自身で気付いたのではない。本務校の女子学生が最後の授業の感想文に、「先生の数学の授業は今まで私が受けてきた無味乾燥な数学の授業と違って、

3

ときどきニコッと笑える題材が潜んでいます。今日の授業ではどんな笑い話が聞けるかな、という気持ちで毎回出席させていただきました」と書いてあったのだ。その感想文がきっかけで、従来の「役立つ」や「面白い」ではなく、「笑い」が話の落ちの部分にある数学的読み物をいつか執筆してみようという夢をもった。

ここで、話の勘所が数学の発想にある笑い話という意味について、もう少し詳しく述べておこう。中学校の数学の授業で方程式の解法を先生が説明しているとき、先生の頭の上に窓から入ったチョウが止まったとする。恐らく授業を受けている生徒はニコッと笑うだろう。しかしよく考えてみると、たまたま先生が方程式の説明をしているときであって、歴史や英語の授業中でも構わないことである。これから本書で紹介する48項目に関しては、笑い話の落ちの部分に数学の題材がある点に注目していただきたいのである。

また、数学的読み物と小説を比べてみると、「心から笑える」・「面白い」・「つまらない」という感想は両方にある。しかしながら、「心から笑える」・「心から泣ける」という感想は普通、前者にはなく、後者にはある。本書はその部分にチャレンジするのであるが、ちょうど昨年末12月29日の東京新聞朝刊に「景気低迷笑い飛ばせ!」という記事がある。そこには「笑いは大人の上質な気配り」という元芸人のコメントや、「古事記の時代から笑いで暗い状況を

4

突破する知恵があった」という日本笑い学会会長のコメントがあり、大いに励まされた。

今回はあくまでも「笑い」と「会話」にこだわって本作りをすすめたため、数学的な説明が少し足りない、もう少し詳しく知りたい方のために各項目の最後に参考として拙著を記させて頂いた。

読者の皆様には、奇想天外な本書の趣旨を御理解していただき、いくつかの項目でニコッと笑っていただければ、著者としてこの上なく光栄に思う次第である。

目　次——誰かに話してみたくなる数学小噺

はじめに……3

第1章　お父さんの出すクイズ、おばあちゃんの知恵……遊びから学ぶ数学力……11

1　お釣りをチョロまかしたでしょ！……倍数のアイデア……12
2　知り合いの知り合いは私の知り合い……知り合いは掛け算で広がる……16
3　そのあみだくじは作れません……横線の本数の偶数か奇数かは一定……20
4　そんな分配はできません……人物や物の個数は整数……24
5　14個のアメ玉を仲良く分けさせちゃいますよ……一個のアメ玉を貸すことで比例配分ができる……28
6　15ゲームでずるいことをするとバレますよ……できる、できないは交点の数でわかる……32
7　1周してゴールまでに回る回転数……目の錯覚……36
8　ほとんどの人が間違える割り算の余り……余りある「小数÷小数」の計算……40
9　これ以上の缶は詰め込めないよね？……交互にずらすことで、より多く詰め込める……44
10　少科目入試の建前と本音……選択科目の成績から偏差値を算出……48

| 11 | ウソに続く内容は全てウソになる……背理法を使えば真実がわかる………52 |
| 12 | 多い少ないは犬でもわかるかな？……1対1の対応………56 |

第2章 驚かせるトリック、魅力的にみせるテクニック……会話力としての数学力……61

13	あなたの血液型AかOでしょ？……確率の計算………62
14	UFOキャッチャー（クレーンゲーム）の極意……2次元視野でクレーンを動かす………66
15	特急列車で隣の席に素敵な人が座ったら……速さ・時間・距離の関係………70
16	グラスに丸氷を入れて一言……アルキメデスの墓標の拡張………74
17	素敵なネックレスをほめる一言……懸垂線………78
18	コンパニオン全員の人数を当てましょう……知り合いの関係を数える………82
19	名刺交換会でモテる手品……名刺や地図に応用する不動点定理………86
20	物差し一本で測る距離……相似の性質の利用………90
21	あの二人が一緒のバスに乗る確率は変だ……有意水準5%で棄却………94
22	自分の癖に目を向けないとね……人間の感覚………98
23	両方から引っ張られると痛みは2倍？……作用反作用の法則………102

24 私はみんなからシカトされます……………………「すべて」と「ある」の用法… 106

第3章 目の前の問題を解決するヒントは数学的発想から ……… 数学力の実践 111

25 短時間で公平に選べますか？………………………………サイコロで係を決める方法… 112
26 そんな知り合いの関係はあり得ません！………………………グラフ理論の応用… 116
27 5万円を1週間借りてコーヒー1杯のお利息！……毎月の返済額は等比数列の和でわかる… 120
28 逃げるネコは空からグッドバイ………………………落下速度と空気抵抗の不思議… 124
29 この駐車場なら空からクルマの移動はいかようにもできます ……あみだくじの性質の応用… 128
30 少年サッカー10チームの総当たり戦……………………公式を使うより指折り数えるに限る… 132
31 五感は鈍い…………………………………ウェーバー・フェヒナーの法則と対数-log… 136
32 誕生日当てクイズで困る瞬間…………………………ご隠居さんの謎解き… 140
33 携帯電話の電磁波を気にする人へ………………………距離の2乗に反比例… 144
34 九九は半分覚えるが良い……………………………塵劫記は江戸時代の数学入門書… 148
35 「または」の用法……………………………………数学における命題とは… 152
36 このゲームどちらが得か？……………………ゲーム理論で考えるグーとパーのゲーム… 156

第4章 社会を数学で考えれば、未来が見えてくる……ひとつ上をいくための数学力

37 トイチで貸しましょうか？……違法なヤミ金融の利回り……162
38 打率4割の壁は厚いです……打数が多くなると正規分布に近づく……166
39 忍者の護身術……確率1/2で開く仕掛け扉の謎……170
40 競馬の予想は任せなさい……結果から考える確率……174
41 パチンコ台を叩かないでください……ポアソン分布で考えるパチンコで勝つ確率……178
42 新聞拡販戦争のゆくえ……推移確率行列で考える一定状態への収束……182
43 生徒を惑わす入試の奇問は許しませんぞ……ありえない食塩水濃度、解釈が2通りの問題……186
44 解けなくても解ける数学マークシート問題……文字変数に具体的数値を代入すれば解けてしまう……190
45 見た瞬間に答えがわかる数学マークシート問題……解答欄の形や履修範囲から答えが決まる……194
46 筆跡鑑定から文字鑑定の時代……計量分析の発展……198
47 方向は別々でも実際は合併する選挙の数理……比例選挙のドント方式……202
48 悪徳政治家の反省の弁……論理的に考えるための必要条件と十分条件……206

おわりに……210　参考拙書一覧……212

文 / 野口哲典
イラスト / 小松亜紗美（Studio CUBE）

第1章

お父さんの出すクイズ、おばあちゃんの知恵

遊びから学ぶ数学力

お釣りをチョロまかしたでしょ！

お母さん 優ちゃん、お団子屋さんへおつかいに行ってくれない？
優ちゃん いいわよ。何を買ってくればいいの？
お母さん 5000円渡すから60円のお団子と90円の草もちを適当に混ぜて買ってきて。ちゃんとお釣りは返してね！
優ちゃん うん、わかった。

　優ちゃんは、お団子屋さんへ行く途中、友だちのアヤカちゃんに会いました。

アヤカ 優ちゃん、どこへ行くの？
優ちゃん お母さんに、おつかいを頼まれて、お団子屋さんに行くところよ。
アヤカ へぇ〜、そうなんだ。そういえば、あのお団子屋さんには、おいしいソフトクリ

チョロまかしたでしょ!!

250円 × 2 = 500円
60円 × 20 + 90円 × 20
= 3000円
3000円 + 500円 = 3500円

お釣りは
1500円

ばれた!?

ームがあったわね、ひとつ250円のが。
優ちゃん うん、あったあった！ あれ、おいしいよね。じゃあ、2人でそれを食べようか？ 私がおごってあげる。
アヤカ えぇ！ いいの〜？ お母さんに怒られない？
優ちゃん いいの、いいの。お母さんには、バレないわよ。
アヤカ ありがとう優ちゃん。
お母さん おかえりなさい。ありがとうね。いっぱい買ってきたよ。
優ちゃん はい、お釣りの1500円。

すると袋の中身を見ないうちに、お母さ

んは怖い顔になって言いました。

お母さん 優ちゃん！ お釣り、チョロまかしたでしょ？
優ちゃん えっ？ そんなことしてないよ。
お母さん ウソを言ってはダメよ！ 今、正直に言えば許してあげるわ。だから本当のことを言いなさい。
優ちゃん ごめんなさい。本当は途中で会ったアヤカちゃんとソフトクリームを食べました。
お母さん わかったわ。今回は許してあげるけど、お母さんをごまかそうったって、そうはいきませんからね。これからはちゃんと正直に言うのよ！
優ちゃん はい…でも、どうしてわかったの？
お母さん お母さんには優ちゃんのした悪さが全てわかる超能力があるからよ。
優ちゃん ええ〜！ じゃあ、あんなこともこんなことも、みんなお母さんは知ってるの？
お母さん もちろんよ！
優ちゃん って、優ちゃん！ そんなにたくさん悪さしてるの？
お母さん あっはは。ウソだよ〜〜！

第1章 お父さんの出すクイズ、おばあちゃんの知恵

倍数のアイデア

　なぜ、私が袋の中身を見ないうちに、優ちゃんがお釣りをごまかしていたことに気がついたのかって？

　それは、まあ母親の第六感というやつです。

　優ちゃんが、お団子の入った袋と一緒にお釣りを私に手渡すときの顔を見て、すぐにピンときました。これは何か隠し事をしているなって……。

　もしかしたら、お釣りをごまかしているんじゃないかってね。

　そこで、私は考えました。

　お団子の60円と草もちの90円は、どちらも30の倍数です。ですのでお団子屋さんに支払った金額は30の倍数になります。

　そして、お釣りの1500円も30の倍数です。するとお団子屋さんに支払った金額とお釣りの金額の合計も30の倍数にならなければおかしいことになります。

　でも最初、優ちゃんに渡した金額は5000円で、30の倍数ではありません。

　というわけで、優ちゃんがお釣りをごまかしたということに気がついたんです。

　こういうときだけは、どういうわけか、ものすごく頭の回転が速くなるんですよ。

【参考】いかにして問題をとくか 実践活用編（丸善出版）（P 32）

2 知り合いの知り合いは私の知り合い

優ちゃん　今日、私のクラスに九州からサトミちゃんていう女の子が転校してきたんだよ。
お母さん　そうなの。まだ心細いだろうから、仲良くしてあげなさいよ。
優ちゃん　うん、わかってるよ。もう友だちになっちゃった。
お母さん　そう。なら、良かった。
優ちゃん　それでね、びっくりしたことがあるんだ。
お母さん　どうしたの？
優ちゃん　そのサトミちゃんの九州にいる友だちと、私の友だちが知り合いだったの？
お母さん　それは偶然ね〜。

それを聞いたお父さんが、突然、2人の会話にわりこんできました。

お父さん そうでもないぞ。

優ちゃん そうでもないって、どういうこと?

お父さん それほどびっくりするようなことでもないってことだよ。今の日本の人口は、だいたい1億2千7百万人くらいだ。どんな人にも自分の知り合いが500人位いるとするだろ。そして、その500人のそれぞれの人たちにも重複しないで500人の知り合いがいたとして、それをもう1回くり返すと、どうなると思う?

優ちゃん どうなるの?

お父さん 知り合いの知り合いの知り合いまでの人数だけで1億2千5百万人になるんだ。要するに知り合いの知り合いの知り

合いまでで日本の人口とほぼ同じ人数になってしまうんだよ、大雑把な計算だけどね。

優ちゃん へぇ〜〜。

お父さん 知り合いの知り合いまでで日本の人口になってしまうということは、この中に、総理大臣から優ちゃんの大好きなアイドルまで全て含まれるってことさ。

優ちゃん 私の知り合いの知り合いの知り合いに、有名タレントもいるってこと？

お父さん まあ、そういうことになるな。

優ちゃん ええ〜〜〜！ スゴイ、スゴイ！

お母さん そういえば、思い出したわ。お父さん、私と知り合ったときも同じようなことを言ってたわね。

お父さん えっ？ そうだっけ？

お母さん そうよ。お父さんは、こう言ったのよ。「君の高校時代の友だちと、僕の高校時代の友だちが知り合いなのは偶然なんかじゃない。これは運命なんだ！ 僕と君は見えない糸で結ばれてるんだよ！」ってね。

お父さん あっははは。そんなこともあったかな〜〜。

第1章　お父さんの出すクイズ、おばあちゃんの知恵

知り合いは掛け算で広がる

　このように世の中ってけっこう狭いんですよ。
　どんな人にも自分の知り合いが500人位いると仮定し、その500人のそれぞれの人たちにも重複しないで500人の知り合いがいるとして、それをもう1回くり返します。
　すると知り合いの知り合いの知り合いは、
　500人×500人×500人＝1億2500万人
となり、ほぼ日本の人口と同じになってしまいます。
　同様に、親が子を作ることで、どんどん組織を拡大していく、いわゆるネズミ講もすぐに組織が破綻することがわかります。
　たとえば、1人がネズミ講を始めて、新入会員は1週間後には2人の新入会員を入会させるよう義務付けられていたとすると、26週間後には会員数が1億3000万人を突破し、日本の人口を超えてしまいます。
　これは悪い例ですが、反対に1人が2人に対し良い行いを実施し、それを受けた人がさらに1週間後までに新たな2人へ良い行いを実施するということを続けていけば、26週間以内に日本の全ての人たちへ良い行いが伝わっていきます。
　実は細菌の増殖も同じ構造をもっています。

【参考】新体系・高校数学の教科書－上（講談社ブルーバックス）（P243）など

３ そのあみだくじは作れません

もうすぐ冬休みです。リビングにいるお父さんに優ちゃんが頼みごとをしています。

優ちゃん　お父さん、買いたいものがあるから、お年玉いっぱい欲しいな〜。
お父さん　どうせゲームとかだろう？　冬休みは短いけど、ちゃんと勉強するんだぞ。
優ちゃん　わかってるよ。だからお願い。お年玉、奮発して！
お父さん　しょうがないなあ。だったら、あみだくじで決めよう。
優ちゃん　え〜〜！あみだくじ〜〜〜？
お父さん　でも、その前に、あみだくじは自分の思い通りに作ることができるって、知ってるかい？
優ちゃん　そうなの？
お父さん　実際にやって見せようか。何か紙を持っておいで。たとえば縦棒が５本のあみ

だくじを作る場合、左からABCDEとするよ。そして、Aを4等、Bを2等、Cを1等、Dを5等、Eを3等にしたいときには、こうすればいいんだよ。

まず、当てたいところへ向けて線をひくんだ。(図1)。次に交点を英語のHのように書き直す (図2)。そして交点のところに下からアイウエオと書く。(図1)。次に交点を英語のHのように書き直す (図2)。それを見ながら縦棒の同じ位置に横線を書き加えていく。これで完成だ (図3)。

優ちゃん わあ〜、すごい。今度、友だちにも教えてあげようっと。

上のABCDEそれぞれから当てたい数字に線を引きます。

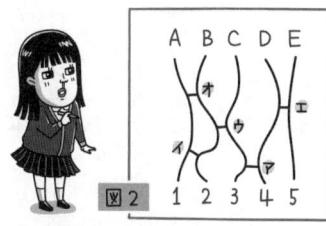

それぞれの線が交差するところをアイウエオのように書きます。

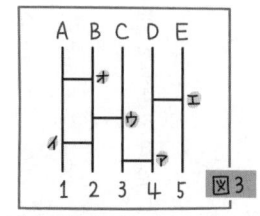

それを見ながらアイウエオの位置に横棒を引きます。

お父さん さて、これからが本番だよ。5本の縦棒に15本の横線をひくんだ。どこへひいてもいいよ。そして、Aを1等、Bを2等、Cを3等、Dを4等、Eを5等にすることができたら、お年玉として3万円プレゼントするよ。
お母さん お父さん！ そんな大金をあげたら遊びに行ったりムダ遣いするだけでしょ！
お父さん まあまあ、お母さん。優ちゃんにチャンスをあげなよ。

さっそく優ちゃんは、挑戦を始めました。

優ちゃん あ〜ダメだ！ ねえ、お父さん、もう1回やってもいい？
お父さん いいよ。だったら今から30分以内にできたらいいことにしよう。
お母さん お父さん、そんなに何度もさせたら、できちゃうかもしれないでしょ！

するとお父さんは、優ちゃんに聞こえないよう、お母さんの耳元でささやきました。

お父さん 大丈夫だよ。絶対にできない問題だから。

横線の本数の偶数か奇数かは一定

これは数学の偶置換・奇置換の一意性という理論からきています。

縦棒の数に関係なく奇数本の横線をひいたときには、優ちゃんに出した問題のようなそれぞれの縦棒の真下に来るようなあみだくじを作ることは不可能なんです。

反対に、あみだくじの作り方のところで説明したAを4等、Bを2等、Cを1等、Dを5等、Eを3等にするあみだくじは、横線の数が5本（奇数）なので、たどりつく先がこれと同じあみだくじを作るためには、横線が奇数本でないと作ることはできません。

一方、Aを4等、Bを1等、Cを5等、Dを3等、Eを2等にするあみだくじは、横線が偶数本でないと作ることはできません。試してみてください。

ちなみに、あみだくじは、仏像の阿弥陀如来の後ろにあるクモの巣のような形をした放射線状の後光が起源だとされています。

【参考】数学で遊ぼう（岩波ジュニア新書）（P69）など

4 そんな分配はできません

夕食後、リビングでテレビドラマを観ているときのことです。そのドラマに登場した社長を見て、お母さんが言いました。

お母さん あの社長、ものすごくワンマンね。
優ちゃん ワンマンって、どういうこと?
お母さん 自分の思い通りに会社経営をするような社長のことをワンマン社長って言うのよ。
優ちゃん ワンワンうるさく犬のように吠えてばかりいる人のことかと思っちゃった。
お父さん あっはははは。なるほどねえ。確かに、あの社長、さっきから社員の小言ばかり言ってるもんな。そういえば、お父さんの会社の社長も、ちょっとワンマンなんだよな。
お母さん そうなんですか?

24

お父さん うん。この前も会議のときに、社長がこんなことを言ったんだ。

「次年度の新入社員の採用計画についてだが、女子は男子の2倍より20人少なく採用し、男女合計でちょうど200人採用しなさい」とね。

お母さん それで？
お父さん お父さんは即座に「そんなことはできません」と答えたんだ。
優ちゃん どうしてそれができないの？
お父さん どう計算しても、社長が言ったような採用をすることは不可能だからだよ。社長の言った採用をすると、採用人数が整数ではなくなってしまうんだ。
優ちゃん 整数って何？

お父さん 簡単に言うと、0、1、2、3というように、0から1ずつ増えていく数のことだよ。また、0から1ずつ減っていく数も整数に含まれるんだ。

優ちゃん ふ～ん。社長さんの言うような採用をすると、人数がそういう整数ではなくなってしまうということ？

お父さん そういうこと。人間や物は1人、2人、3人とか、1個、2個、3個って、整数でしか数えられないだろ。社長の言った採用計画をすると、男子の採用人数が73・33…人なんていう数になってしまうんだよ。

優ちゃん あっははは。そうか。人を半分に切ったりすることなんてできないもんね。

お父さん そうなんだ。

優ちゃん でも、新入社員はまだ半人前だから、2人で1人なんじゃのないの？

お父さん わっはは。そうだな。優ちゃん、よく半人前なんて言葉を知ってるな。

優ちゃん 私のクラスの先生、大学卒業したばかりの新人なんだ。だから最初のあいさつのときに「まだ先生としては半人前ですが、精一杯頑張りますので、よろしくお願いします」て言ってたからよ。

第1章　お父さんの出すクイズ、おばあちゃんの知恵

人物や物の個数は整数

　社長の言う採用計画が不可能なのは、次のような理由からです。
　女子は男子の2倍より20人少なく、男女合計でちょうど200人採用するということは、

　　女＝男×2－20　　　男＋女＝200
という2つの式(連立方程式)になります。
　これは、男＋(男×2－20)＝200
という1つの式にできます。
　これを解くと、
　　男×3＝220　　　男＝220÷3＝73.333…
となり整数になりません。

　実は、算数や数学の先生も、こういうことをよく経験しています。
　人数や物の個数を求めさせる文章問題をつくるとき、答えが整数にならない問題を作ってしまうことがあるんです。
　本当は算数を勉強するときに、優ちゃんにも学校の先生のように答えが整数にならない問題をつくって苦い経験をさせると、もっといい勉強になるんですけどね。

【参考】いかにして問題をとくか 実践活用編（丸善出版）（P 33）

14個のアメ玉を仲良く分けさせちゃいますよ

学校から帰ってきた優ちゃんが、台所で何やら探しています。

おじいちゃん 優ちゃん、どうしたんだい？
優ちゃん なんだか、おながかすいちゃって。どこかにおやつないかな〜。もう、お団子も昨日のうちに食べちゃったから何もなさそうなの。
おじいちゃん それなら、いいものがあるよ。
優ちゃん なに？ おじいちゃん！
おじいちゃん これだよ。
優ちゃん わあ〜、アメ玉だ〜！
おじいちゃん でも、優ちゃんが一人で全部食べてはダメだよ。お父さんやお母さんにも分けてあげなさい。

優ちゃん うん、わかった。ちゃんと分けるから大丈夫だよ。

おじいちゃん それならこうしなさい。そのアメ玉のうち、優ちゃんは5分の1で、お父さんには5分の2、お母さんには3分の1を分けてあげなさい。

優ちゃん うん。そうする。

おじいちゃん では、ちょっと釣りにでも行ってくるかな。

おじいちゃんからもらったアメ玉は全部で14個でした。

優ちゃん おじいちゃんの言ったように分けておこうっと。全部でアメ玉は14個だか

優ちゃん ら、私のぶんは14個の5分の1ね。あれ〜、これでは分けられないよ。お父さんの5分の2も、お母さんの3分の1も分けられない。いったいどうしたらいいの〜？

おばあちゃん どうしたんだい。そんな顔をして。

優ちゃん おじいちゃんにアメ玉をもらって、お父さんたちと分けなさいって言われたんだけど、うまく分けられないの。

おばあちゃん そうなのかい。あら、ちょうどアメ玉を1個持っていたわ。これ、あげるわよ。これでどう？

優ちゃん これでアメ玉は15個になったのね。私のぶんは15個の5分の1だから3個、お父さんは5分の2だから6個、お母さんは3分の1だから5個で、ちょうど分けられたわ！

おばあちゃん それは良かったねえ。

優ちゃん そうすると全部で3個＋6個＋5個で14個ね。あれ？　1個あまっちゃった。

おばあちゃん では、あまった1個をおばあちゃんに返しておくれ。

優ちゃん うん、いいよ。不思議なこともあるのね〜。おばあちゃん、魔法使いみたい！

第1章　お父さんの出すクイズ、おばあちゃんの知恵

一個のアメ玉を貸すことで比例配分ができる

　おばあちゃんからもらったアメ玉を1個足したらみごとに分けることができました。

　しかも分けたら1個あまって、結局最初の14個を分けることができたというわけです。不思議ですね〜。

　でもこれには、もちろんちゃんとした理由があります。

　そもそも、おじいちゃんが言った分け方に問題があるんですよ。

　優ちゃんに1/5、お父さんに2/5、お母さんに1/3という分け方の合計を出すと、

　1/5＋2/5＋1/3＝3/15＋6/15＋5/15＝14/15

となり、1/15だけ足りなくて1になりません。

　だからこんな不思議なことが起きたのです。

　では、おじいちゃんが優ちゃんに1/5、お父さんに7/15、お母さんに1/3を分けなさいと誤って言って14個のアメ玉をくれたとしたらどうなったでしょう。

　この場合も、このままでは分けられないので、おばあちゃんから1個アメ玉をもらいました。すると、15個×1/5＝3個、15個×7/15＝7個、15個×1/3＝5個と分けることができました。しかし、今度は3個＋7個＋5個＝15個で、おばあちゃんにはアメ玉を返すことはできませんね。

【参考】ふしぎな数のおはなし（数研出版）（P16）

15ゲームでずるいことをするとバレますよ

お父さん 優ちゃん、何してるの？
優ちゃん うん。友だちに借りたパズル。
お父さん ああ、15ゲームだな。数字パネルを空いている部分へ動かして順番に並べ直すんだろ？
優ちゃん どれどれ、お父さんに貸してごらん。

お父さんは15ゲームのパネルを動かしてから優ちゃんへ返しました。

お父さん さあ、これを番号順に並べなおしてごらん。うまくいったら賞品をあげるよ。

優ちゃんはさっそく始めました。

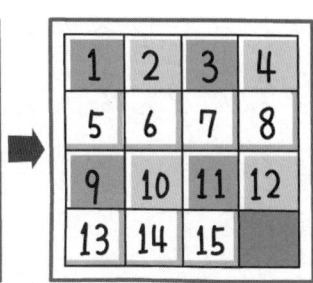

そこへお母さんが、紅茶とクッキーを持ってやってきました。

優ちゃん う〜〜ん、いいところまではいくんだけど、なかなかできないよ。

お母さん 2人で何をしてるの？
優ちゃん 15ゲームっていうパズルだよ。できたらお父さんが賞品くれるの。
お母さん またそんなこと言って……。
お父さん いいじゃないか。俺はビールの方がいいな。

そう言うと、お父さんはキッチンへ行ってしまいました。

優ちゃん お母さん……、お父さんには内緒で、できたってことにしてくれない？
お母さん わかったわ。内緒にしてあげる。

お父さんがビールを持って戻ってきました。

優ちゃん お父さん、できたよ！　適当に動かしていたらできちゃった。
お父さん ならもう一度、お父さんの前でやってごらん。
優ちゃん 覚えてないからもうできないよ。お母さんが証人だからいいでしょ。
お父さん それはおかしいな。これは絶対にできないはずだよ。誤魔化したでしょ。
優ちゃん えっへへ。バレちゃったか。でも、お父さんもずるいよ。いつもできない問題を出すなんて。あみだくじのときもそうだったでしょ。
お父さん そうですよ。最初からできないことをやらせるなんて。
お父さん あっはは。そうか。ごめん、ごめん、確かにそのとおりだな。ようするに不可能なことを可能にするにはズルも必要だってことだな。たとえば手品もそうだよな。

第1章 お父さんの出すクイズ、おばあちゃんの知恵

できる、できないは交点の数でわかる

　実は15ゲームのパネルをでたらめに並べたとき、番号順の標準形へ戻すことができる場合は、ちょうど半分しかありません。

　さて、ここで問題なのは、どういうときにできて、どういうときにできないか、ということです。

　結論だけ言うと、下図のように同じ位置関係にある数字どうしを結んだときに、交点の個数が偶数ならばできて、奇数ならばできません。

　下図のように優ちゃんに出した並びは、交点が3つで奇数のためできないというわけです。

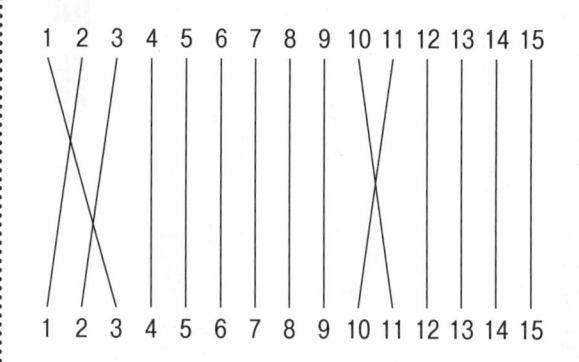

```
1 2 3 4 5 6 7 8 9 10 11 12 13 14 15




1 2 3 4 5 6 7 8 9 10 11 12 13 14 15
```

【参考】数のモンスターアタック（幻冬舎）（P168）
　　　　置換群から学ぶ組合せ構造（日本評論社）（P54）

7 1周してゴールまでに回る回転数

日曜日、優ちゃんは朝からずっとゲームをしています。小さな画面を見続けていたので、目が疲れてしまいました。ちょうど近くのソファで、お父さんが新聞を読んでいます。

優ちゃん お父さん、何かおもしろいクイズない？
お父さん だったら10円玉を使ったこんなクイズはどうだい？
優ちゃん どんなクイズ？
お父さん うん。ちょっと待ってて。

そう言うと、お父さんは広告紙の裏側に何やら書いています。

お父さん さあ、この図を見てごらん。上下の直線部分は10円玉の円周と同じ長さ。そし

「10円玉の円周」
「10円玉の半分」
「10円玉でやってみよう!」

て、左右の半円部分の長さは10円玉の半分と同じ。では、このようにして1周させたとき、10円玉は何回転すると思う？

優ちゃん 簡単よ。直線部分が10円玉の円周と同じ長さで、左右の半円は10円玉の半分と同じなんだから、上下の直線部分で2回転、左右の半円部分で1回転するから合計3回転よ。

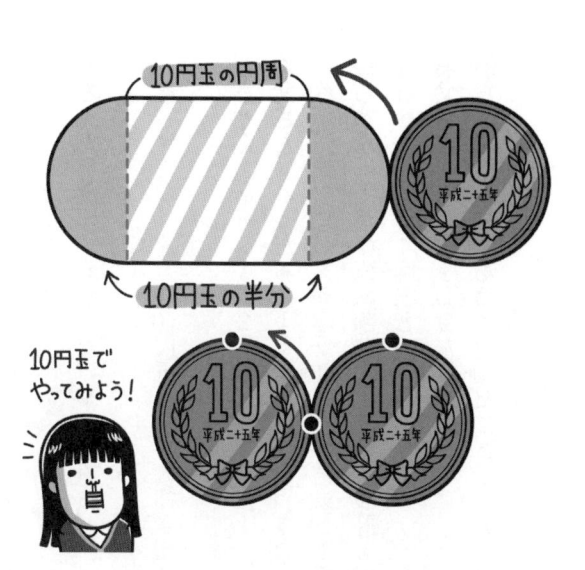

お父さん ほほ〜〜、本当にそうかい？

優ちゃん どう考えたってそうでしょう。

お父さん なら、まずはこれで試してごらん。

お父さんは10円玉を2枚取り出しました。

お父さん 1つの10円玉を固定しておいて、その周りをもう1つの10円玉をすべらせないように1周させてみて。

優ちゃん うん、わかった。やってみる。

優ちゃんは、片方の10円玉を左手で押さえて、もう1つの10円を1周させてみました。

優ちゃん あれ〜〜、2回転しちゃった！

お父さん そうだろ。ようするに、さっきのクイズも左右の半円のところで10円玉はそれぞれ1回転してしまうんだよ。その結果、1周させると10円玉は4回転するんだ。

優ちゃん 上下の直線部分で1回転ずつ計2回転、左右の半円部分で1回転ずつ計2回転、合わせて全部で4回転というわけね。

お父さん そういうわけだ。

優ちゃん 頭の中だけで考えたことと、実際にやってみたことが、ぜんぜん違うんだね。

第1章 お父さんの出すクイズ、おばあちゃんの知恵

目の錯覚

　頭の中だけで考えると3周なのに、実際にやってみると4周してしまう。

　なんかだまされたような気がしませんか。

　みなさんも優ちゃんがやったように、2枚の10円玉を使って、実際にやってみてください。ちゃんと10円玉は2回転したでしょ。

　これは以下の図を見るとわかりやすいと思います。円Oを10円玉だとすると、円Oの弧CDを半円AB上において図の状態からすべらないよう回転させながら移動させていくと点Dが点Aの部分に到達した時点で既に10円玉は半回転しています。

　よって半円上を移動すると1回転することになります。

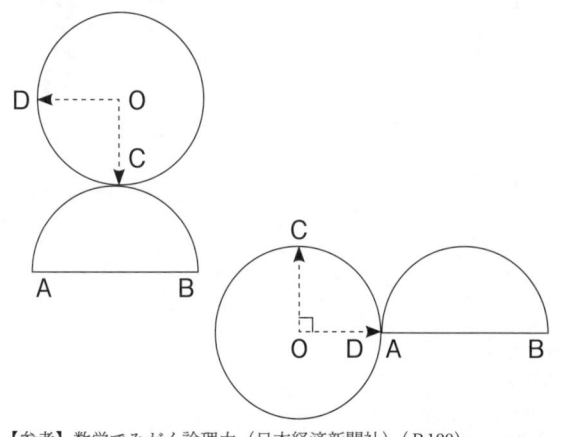

【参考】数学でみがく論理力（日本経済新聞社）（P120）

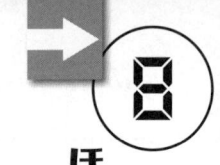

8 ほとんどの人が間違える割り算の余り

優ちゃんが算数の勉強をしていると、お父さんがやって来ました。

お父さん　ほう〜、珍しく勉強してるじゃないか。
優ちゃん　そんなことないよ。毎日、勉強してるよ。
お父さん　そうか。今は何を勉強してるんだい？
優ちゃん　小数の割り算だよ。
お父さん　小数の割り算か。なら、この割り算はできるかい？
優ちゃん　どんな問題？
お父さん　7・23÷3・31は？　商は小数第2位まで求めて、余りもね。
優ちゃん　そんなの簡単だよ！　答えは2・18あまり1・42だよ。
お父さん　残念でした。これは間違いだよ。

優ちゃん えっ、そうなの？

お父さん 今の大学生に、これと同じ問題をやらせると、ほとんどが優ちゃんと同じ間違いをするらしいよ。

優ちゃん へ〜〜、私って大学生と同じレベルなんだ。

お父さん あっはは。そんなこと自慢にならないよ。

優ちゃん それで、どこが間違っているの？

お父さん 筆算をするときに小数点を移動させたことが原因だよ。あまりの小数点の位置が間違っているんだ。

優ちゃん あまりの小数点の位置？

お父さん そうだよ。本当のあまりは0・

0142なんだ。優ちゃんは筆算するときに、小数点を2回右へ移動して、そのときの小数点の位置で、余りを出したでしょ？

優ちゃん　ああ、本当だ。

お父さん　それでは、余りが2桁も大きくなってしまうんだよ。余りを出すときには小数点をもとの位置まで戻さなければいけないんだ。

優ちゃん　そうか。そういうことだったのね。

お父さん　本当は、余りを出した時に余りが大きいことに気がつけばいいんだけど、それはなかなか難しいかもしれないね。だから、これからこうした計算をするときには、間違いをなくすために、見直しをするといいよ。

優ちゃん　見直しって、どうすればいいの？

お父さん　それはね、こうするんだ。

お父さんは見直しの仕方を優ちゃんに教え始めました。

第1章 お父さんの出すクイズ、おばあちゃんの知恵

余りのある「小数÷小数」の計算

優ちゃんのやった割り算の筆算を見て、すぐに間違いに気がつきましたか?

意外と間違いに気がつかない方も多かったのではないでしょうか。

こうした間違いをしないために、私が優ちゃんへ教えたのは、次のような見直しの仕方です。

たとえば、7÷3=2…1という計算なら、
7=3×2+1になります。

7.23÷3.31=2.18…1.42の場合で見直しをすると
3.31×2.18+1.42=8.6358となってしまい
7.23にはなりません。だからどこかに間違いがあるということがわかります。

ちなみに、あまりを0.0142で計算すると、
3.31×2.18+0.0142=7.23になり、計算の答えが正しかったことがわかります。

【参考】算数・数学が得意になる本(講談社現代新書)(P22)

9 これ以上の缶は詰め込めないよね？

しばらく電話で話をしていたお母さんが、うかない顔をしています。

優ちゃん お母さん、どうしたの？
お母さん それがね、今度の日曜日に町内会のパーティーがあるでしょ。
お父さん ああ、そういえばそうだったな。
お母さん その参加者が6人増えたっていう連絡だったの。
優ちゃん それがどうかしたの？
お母さん 参加者にプリンを作って行って、プレゼントすることになっていたでしょう。
優ちゃん うん、私とお母さんで作るんだったね。
お母さん それがね、最初予定していた参加者は80人だったから、プリンが80個ぴったり入る箱をわざわざお父さんに作ってもらったんだけど…。

10個 × 8列 = 80個

ほらね！

10個 × 5列 + 9個 × 4列 = 86個

お父さんすごい！

お父さん おお、あの木で作った箱のことだね。
お母さん そうなの。それなのに参加者が6人増えちゃったから、せっかく作ってもらったあの箱では、プリンを詰められなくなってしまったってこと。
お父さん な〜んだ。そんなことか。
お母さん そんなことかって、お父さん、何かいい案でもあるの？
お父さん 俺にまかせておけって。箱とプリンの容器を86個持っておいで。

お母さんがキッチンテーブルの上に、箱とプリンの容器を86個用意しました。

お父さん 優ちゃん、まずは箱にプリンの容器を80個詰めてごらん。

優ちゃんは、箱に縦8個×横10個の容器をきれいに詰めました。

お父さん それでどうするの？ プリンの容器や箱を壊すなんてことは嫌よ。
お母さん もちろんさ。容器や箱をいっさい壊さないで、この箱に86個全部入るよ。
優ちゃん じゃあ、お父さんやってみて。
お父さん よし、いくぞ。一番下は10個のままでいいけど、その上は下の容器と容器の谷間に入れるようにずらして9個並べるんだ。その上はまた10個、その上はずらすようにして9個、というように交互に10個、9個と入れていくと。ほら、86個全部入っただろ！
優ちゃん わあ〜！ お父さん、すご〜い！ 本当に入っちゃった！
お母さん あら、でも、最初の入れ方の方が正方形にマッチして美しいわね。
お父さん よく数学の本などでも、黄金比の長方形は美しいといわれているけど、俺は日本人なので畳の長方形の方がよっぽど気に入っているよ。美は強要するものではないからね。自分が美しいと思えば、それでいいんだよ。

交互にずらすことでより多く詰め込める

プリンの容器が縦8個×横10個=80個ぴったり入る箱へ86個入れる方法をもう少し詳しく説明しておきましょう。

一番下には10個、その上には下の容器と容器の谷間に入るように少しずらして9個、その上は再び10個、その上は9個というように入れていきます。一段上げるごとに、**容器の半径の$\sqrt{3}$倍ずつ上にいく**ことになります。

すると、交互に下から10個、9個、10個、9個、10個、9個、10個、9個、10個と9列入るのです。結果的に10個×5列+9個×4列=86個入ります。

私が話した黄金比とは、横の方が長い長方形の場合、縦が1のとき、横が$(\sqrt{5}+1)\div 2$=約1.62の比率になっているもののことです。パルテノン神殿や名刺などは黄金比に近い比率になっています。

ちなみに私の好きな畳は、みなさんご存知のように縦1横2です。

また、A4とかB5などの紙は横の方が長い長方形と見ると、縦が1で横が$\sqrt{2}$の比率になっています。法隆寺の回廊もそうです。

【参考】
新体系・高校数学の教科書-上（講談社ブルーバックス）（P 28）
新体系・中学数学の教科書-下（講談社ブルーバックス）（P 171）

10 少科目入試の建前と本音

優ちゃんも成長し、いよいよ大学を目指す時期になりました。

優ちゃん お父さん、入試のことで相談したいことがあるの。
お父さん なんだい？
優ちゃん 入試の必修科目にある英語と国語は得意なので心配してないんだけど、選択科目の社会と数学がどちらも、ものすごく苦手なの。
お父さん 選択科目は1科目かい？
優ちゃん うん。社会か数学のどちらか1科目を選択すればいいんだけど、どちらも同じくらい苦手だから、どっちを選べばいいのかわからなくて……。
お父さん なるほど。そういうことか。
優ちゃん お父さん、どうすればいいと思う？

お父さん 受験する大学の入試情報を詳しく教えて。

優ちゃん 確か選択科目の社会と数学は、偏差値に換算するって書いてあったと思う。

お父さん そうか。なら、数学をとりなさい。

優ちゃん え〜〜〜！ 私、数学なんてぜんぜんできないわよ。

お父さん でも社会も同じくらい苦手なんだろ？

優ちゃん そうね。

お父さん だったら数学をとりなさい。偏差値換算なら数学の方が有利なんだよ。

優ちゃん どうして偏差値換算なら数学が有利なの？

お父さん 偏差値換算というのは得点そのものではなく、偏差値に換算したものを得点として採用するというものだ。だから同じ50点でも、偏差値に換算したときに、科目によって40になる場合や60になる場合があるってことだ。

優ちゃん へぇ～、そういうことなんだ。

お父さん 簡単にいえば平均点が同じとき、得点のバラツキが小さい科目より得点のバラツキが大きい科目の方が、同じ0点でも偏差値換算したとき有利になるんだよ。

優ちゃん それが数学ってわけね？

お父さん そういうこと。社会は暗記科目なので、みんなそこそこ点数がとれる。一方、数学はできた人とできない人がいろいろなのでバラツキが大きいってわけだ。

優ちゃん うんうん。わかる気がする。

お父さん たとえば、社会で0点をとったら、偏差値もそのまま0のときもあるけど、数学で0点をとっても偏差値は25になることだってあるんだよ。

優ちゃん うわ～～！絶対、数学にする！

お父さん そうは言うものの最後まで全力で勉強するんだよ。

選択科目の成績から偏差値を算出

テストでおなじみの偏差値のことをもう少し解説しておきましょう。

偏差値とは以下の式で表したものです。

(自分の得点−平均点)÷標準偏差×10+50
=偏差値

標準偏差とは得点のバラツキを示す数値です。
たとえば数学の標準偏差が20、社会の標準偏差が10だとして、たいてい試験は平均が50点くらいになるように作られるので平均点を50点とすると、社会で0点をとったときの偏差値は0なのに対し、数学で0点とったときの偏差値は25になるということもあるわけです。

社会で0点をとったときの偏差値は
(0−50)÷10×10+50=0
で、0になります。

数学で0点をとったときの偏差値は
(0−50)÷20×10+50=25
で、25になります。

【参考】
新体系・高校数学の教科書−下(講談社ブルーバックス)(P305)

11 ウソに続く内容は全てウソになる

大学へ晴れて入学した優ちゃん。大学生活にも慣れてきたある日のことです。

お母さん お父さん、ちょっと相談したいことがあるの。
お父さん どうしたんだ？
お母さん 優ちゃんのことなんだけど。最近、帰りの遅いことがあるし、洗濯しようと思ってポケットをさぐったら、こんな名刺まで出てきて……。
お父さん どれどれ。マドカ？　なんだこりゃあ？
お母さん どうやら夜の仕事のアルバイトをたまにしているらしいのよ。
お父さん すぐに優ちゃんを呼んできなさい！

お母さんのあとに続いて優ちゃんがリビングへ入ってきました。

お父さん この名刺はどういうことだ?
優ちゃん ああ、それは友だちのマドカにもらったのよ。
お父さん 昨日は帰りが遅かったけど何をしていたの?
優ちゃん 夕方から夜11時頃までサトミの家でおしゃべりしていたわ。
お母さん ウソを言ってもムダよ。昨日、夜9時頃に、そのサトミさんから「優ちゃん、いますか?」って言う電話があったわよ。
優ちゃん ……。
お母さん 正直に話しなさい!
お父さん どうなんだ!?

優ちゃん ごめんなさい。友だちに誘われて、ちょっと興味があったから、これも人生経験だと思って、少しだけクラブでアルバイトしてたの。

お父さん 昨夜もそこでアルバイトをしてたのか？

優ちゃん ごめんなさい…。

お父さん そうか。お父さんがこれから話すことをしっかり聞きなさい。

優ちゃん はい。

お父さん ウソというのは必ずバレるものなんだ。ウソは結論を否定して矛盾を導く数学の背理法と同じで、必ずどこかで矛盾が出るんだ。ウソのためには、それを補うためにそれに続く話もウソでかためることになる。ウソに続く内容は全部ウソになるんだよ。それに、ウソから始まった話は真実ではないので、話しているうちに先に話したことを忘れちゃうだろ。

優ちゃん うん、そうだね。

お父さん 何よりウソをつくのは、心が痛むよな。

優ちゃん うん。お父さんやお母さんに隠れてアルバイトしてたから、そのことばかり気になって疲れちゃった。もうやめることにするわ。

背理法を使えば真実がわかる

　数学でよく利用される背理法とは「結論を否定することで矛盾を導き、結論の成立を示す方法」のことです。

　背理法という言葉を聞くと難しそうですが、日常生活でも背理法はよく使われているんですよ。

　お母さんが優ちゃんのウソを見抜いたのも立派な背理法です。

　「優ちゃんは友だちの家にいなかった」という結論を証明する場合、その否定文である「優ちゃんは友だちの家にいた」と仮定します。しかし、優ちゃんが友だちの家にいたはずの時間に、その友だちから優ちゃんあてに電話がかかってきたのは矛盾しています。

　ということは「優ちゃんは友だちの家にいなかった」という結論が示されたということです。

　このように背理法は、犯罪捜査におけるアリバイの証明などにも、よく使用されています。

　ただし、背理法ばかり使用していると、いつも相手のことを疑ってかかったり、強引になりかねません。そうならないよう十分注意する必要があります。

【参考】数学的思考法（講談社現代新書）（P158）

12 多い少ないは犬でもわかるかな？

早いもので、優ちゃんの就職も決まり大学ももうすぐ卒業です。

お父さん　優ちゃんも、いよいよ社会人だな。
優ちゃん　私が会社の寮に入って家からいなくなると、お父さん寂しくない？
お父さん　大丈夫、お父さん寂しくないよ。実は、お父さんには夢があるんだ。
優ちゃん　どんな夢？
お父さん　優ちゃんがいなくなったら犬を飼うんだ。
優ちゃん　へぇ～、犬かぁ～。私も犬は大好きよ。
お父さん　お父さんは、ただ単に犬を飼いたいだけじゃなく、算数犬を育てたいんだ。
優ちゃん　算数犬？　どういうこと？　犬に九九でも覚えさせるの？
お父さん　違うよ。九九を言わせるだけなら、オウムでも覚えさせることができるだろ。

だけどそうじゃない。本当の意味で数というものを理解させるんだ。

優ちゃん どうしたらそんなことができるの？

お父さん 1対1の対応で、犬に個数を理解させるんだ。

優ちゃん 1対1の対応って？

お父さん 2つの物を対応させるんだよ。たとえば、魚が3匹いて、ビスケットが4つあったとする。犬だって魚のところに1つずつビスケットを重ねることはできるだろ。そうして、ビスケットが1つあまったら、ビスケットが魚より1つ多いってことが、犬でも認識できるんじゃないかと思うんだ。

優ちゃん　へぇ～、そうかもしれないわね。

お父さん　また、魚が3匹でビスケットが3つなら、どちらも余らない。余らないということから、魚とビスケットの数が等しいということを犬に理解させるんだ。

優ちゃん　うんうん。

お父さん　そうしていって、足し算や引き算はビスケットを加えていったり、減らすことで犬にだって理解させられると、お父さんは信じてるんだ。オウムでも言えるような九九ではなく、本当の意味で犬にしっかりと足し算と引き算の概念を理解させたいんだ。だからお父さんは、そのことにこれからの人生をかけたいんだよ。

優ちゃん　お父さんにそんな夢があったなんて知らなかったわ。ねえ、お父さん。その1対1の対応って、他にも関係するものってあるかしら？　私とか人生とかに。

お父さん　ああ、もちろんあるよ。優ちゃんが生まれた頃は男が62万人、女が59万人の時代なんだ。そうすると1対1の対応で次々にカップルができて、最初はカップルのできる競争率は同じくらいだね。でも、どんどんカップルが誕生していくと、女がモテモテに最後の方になると、女1人に対して男が3万人というものすごい競争率になって、

優ちゃん　あっはは。それなら一人でのんびり暮らしている方が得なのかもしれないわね。

第1章 お父さんの出すクイズ、おばあちゃんの知恵

1対1の対応

人類も遠い昔は、数という概念を持っていませんでした。もちろん今のような数字もありません。だから1、2、3…と、数えることもできなかったわけです。

では、どのようにしていたのでしょう？

紀元前8千年頃から始まる新石器時代では、トークンと呼ばれる球形や円盤形などのさまざまな形をした小さな粘土細工を対応させることで、数を認識していたと考えられています。

たとえば、魚には魚用のトークンがあり、魚の数と同じだけの数のトークンを1対1で対応させることでカウントしていたのです。菱形の粘土細工が魚用のトークンだとすると、5匹魚をとってきたら、5つの菱形のトークンを並べておきます。1匹食べたら、菱形のトークンを1つなくすことで、魚があと4匹になったことがわかるというわけです。

それがあるとき、どんなものにも対応できるものができ、数(自然数)というものの概念が誕生したのです。

【参考】
新体系・中学数学の教科書－上（講談社ブルーバックス）（P 10）
ふしぎな数のおはなし（数研出版）（P 10）

第2章

驚かせるトリック、魅力的にみせるテクニック
会話力としての数学力

⓭ あなたの血液型AかOでしょ?

ミーちゃんとみっくんはデートで歩き回った後、喫茶店で一休みしています。

ミーちゃん テレビで見たんだけど、血液型性格分析って、けっこう当たるんじゃない?

みっくん いや。当たらないよ。血液型で性格がわかるわけないでしょ。科学的な根拠は何もないんだよ。血液型性格分析なんてやってるのは日本だけなんだ。外国で日本と同じようなことをテレビでやったら、差別として大問題になると思うよ。そんな話題を日本のテレビ局はいつまでたってもやってるんだよ。

ミーちゃん へえ~、そうなんだ。

みっくん うん。だけどこれから血液型に関するおもしろい話をしようか。

ミーちゃん なになに?

みっくん 僕はミーちゃんの血液型を知らないけど、ミーちゃんはAかOでしょ?

ミーちゃん 当たり！ どうしてわかったの？ 血液型性格分析じゃないの？

みっくん 違うよ。血液型は全部でA、B、O、ABと4つあるよね。AかOでしょと言うと、4つのうちの2つだから、2分の1で当てたような感じに聞こえない？

ミーちゃん うん、聞こえる。だから私、すごいな〜っと思ったのよ。

みっくん 実は国によって血液型の分布は違うんだけど、日本の場合、だいたいAは4割、Oは3割、Bは2割、ABは1割なんだよ。だからミーちゃんにAかOでしょと言ったのは、本当は7割の可能性があるからなんだ。それをさも2分の1の確率のものを当てたかのように言って、ミーちゃ

ミーちゃん　そうだったのね。

みっくん　本当は、最初はこう言った方がいいんだ。「あなたの血液型はABではありませんね?」って。なぜならABでない人は9割もいるので、たいていは当たるでしょ。

ミーちゃん　うん、そうよね。

みっくん　それで相手が「はい、そうです」って答えたら、次に「あなたの血液型はBでもないですね?」って言うのさ。相手が「はい」って答えたら、最後に「あなたの血液型はAですね?」と言って全て当たれば、相手の人はかなり驚くだろ。

ミーちゃん　うんうん。3回も連続で当たったんだもんね。

みっくん　でも、そうやって3回連続で当てる確率は40%で、最初にいきなり「あなたの血液型はAでしょ?」と言って当てる確率も同じ40%なんだ。だから初対面の人にいきなり「Aでしょ?」と言うより「ABでないでしょ?」「Bでもないでしょ?」「Aでしょ?」と言って当てた方が、たとえ途中で間違ったとしても、けっこう当たっているという印象を相手に持たせることができるんだ。それで3つとも当たるとスゴイという印象になるんだよ。

確率の計算

「ABでないでしょ?」と言って当てて、次に「Bでもないでしょ?」と言って当てて、最後に「Aでしょ?」と言って当てる確率は次のように計算します。

血液型がAB型の割合が1割なので最初の発言が当たる確率は9/10です。

それを当てた前提で次の発言「あなたの血液型はBでもないですね?」が当たる(条件つき)確率は、AとOとBの中でB以外となる確率になるので7/9です。

そこまで当てた前提で次の発言「あなたの血液型はAですね?」が当たる(条件つき)確率はAとOの中でAとなる確率になるので4/7です。

それらを掛け合わせたものが3回連続で当たる確率で

$$\frac{9}{10} \times \frac{7}{9} \times \frac{4}{7} = \frac{4}{10}$$

となります。いきなりA型を当てる確率が4/10ですので全く同じ確率になるわけです。

このように、確率を次々と掛けていくことを保証するものに「確率の乗法定理」というものがあります。

【参考】
どうして?に挑戦する算数ドリル(数研出版)(P150)
新体系・高校数学の教科書ー上(講談社ブルーバックス)(P198)

14 UFOキャッチャー(クレーンゲーム)の極意

ミーちゃんとみっくんはゲームセンターへ遊びにやってきました。

ミーちゃん みっくん、私、UFOキャッチャーのぬいぐるみで、どうしても取りたいものがあるの。だけど、下手でいつも取れないのよ。

みっくん どのぬいぐるみが欲しいの? UFOキャッチャーのコツを教えてあげるよ。

ミーちゃん そんな方法があるの?

みっくん うん。まずはミーちゃんが、いつもやっているようにやってごらん。

ミーちゃんはいつものようにして、案の定、いつものように失敗しました。

みっくん それではダメだよ。だからミーちゃん落としちゃうんだよ。

66

ミーちゃん え〜っ、もっといい方法があるの?

みっくん いいかい、UFOキャッチャーには、→↑の2種類のボタンがあって、クレーンを操作するようになっているでしょ。でも、この2種類のボタンを同じ位置から操作してはダメなんだよ。

ミーちゃん どういうこと?

みっくん →ボタンを操作するときは正面から見ていいんだけど、↑ボタンを操作するときは横から見ないとダメなんだ。

ミーちゃん どうして?

みっくん 数学でxとyの座標って習った覚えがあるでしょ。あれはx座標とy座標を別々に見ることで位置がわかるというも

のなんだ。UFOキャッチャーも同じだよ。ミーちゃんは正面からだけ見てるので左右の動きはいいけど、前後の動きはそれではわからないんだ。前後に動かすときには横から見ないとダメなんだよ。ちょうどxとyの座標と同じようにね。

ミーちゃん ああ、なるほど、そういうことね。

みっくん もう一つ例をあげようか。片目を手のひらで隠してごらん。右手の人指し指で僕が立てた指に横から当ててみて。

ミーちゃん あれ～！　当たらないでしょ。人間も２つの目があるからも２つの角度から見ることができ、位置関係が正確にわかるんだよ。同じようにxとyの座標は直交している立場から見ているので、とくに位置関係がはっきりするんだ。だからUFOキャッチャーをするときも、前後を動かすときは横から見るといいんだよ。

みっくんの言う通りにしたミーちゃんは、念願のぬいぐるみを取ることができました。

第2章 驚かせるトリック、魅力的にみせるテクニック

2次元的視野でクレーンを動かす

xとyの座標って単純だけど、画期的な方法ですよね。これにより平面上の位置を正確に指定することができます。

この方法を思いついたのは、フランスの数学者デカルトなんだって。

デカルトが軍隊生活をしているときのこと。ベッドで横になっていたデカルトは、天井をはいまわっているハエを見ているときに、このxとyの座標の考え方を思いついたんだそうです。もしかしたら天井が格子模様にでもなっていたのかもしれませんね。

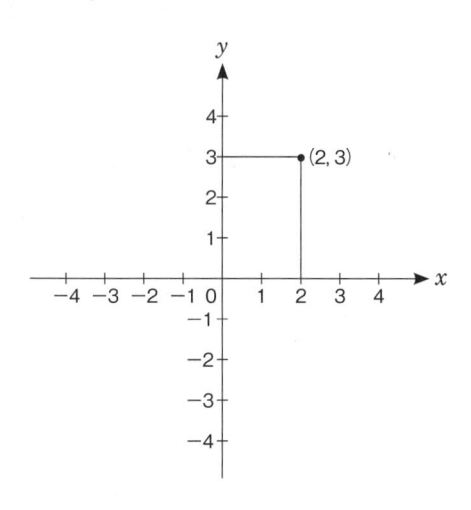

【参考】数のモンスターアタック（幻冬舎）12章

15 特急列車で隣の席に素敵な人が座ったら

札幌から稚内まで行く特急列車に男性が一人で乗っています。旭川でお客さんが次々と乗ってきました。男性の横の座席に女性が座ってきました。

女性 ここ、よろしいですか?
男性 もちろんです。どちらまで行かれるんですか?
女性 稚内です。
男性 そうですか。僕も稚内までです。ようやく休暇がとれたので、気軽な一人旅をしているところです。昔は音威子府から浜頓別を経由して稚内まで行く天北線の旅が好きでしたが今はなくて寂しいです。
女性 そうなんですか。私は、久しぶりにこんな遠くまで来たわ。
男性 旅行はお好きですか?

女性 はい。実は私、列車に乗るのが大好きなんですよ。
男性 あっはは。鉄子ってやつですか？
女性 いや、それほどではないんです。ただ列車に乗るのが好きなだけです。
男性 なるほど。ぼ〜っと窓の外を見ているだけでも楽しいですからね。
女性 はい。それで今、どの位の速度で走ってるんだろうって想像したりしてるんです。

　男性はしばらく自分の腕時計をじっと見つめていました。

男性 この列車は今、時速90kmですよ。

女性 えっ？ どうしてそんなことわかるんですか？

男性 実はですね、日本のJRの在来線は、基本的に線路が1本25mなんです。それで今、私は時計を見て、だいたい1秒間に1回、ガタンゴトンという音がしていたので秒速25mだとわかります。それを60倍して、分速1500m、すなわち分速1.5km。さらにそれを60倍して、時速90kmで走っていることがわかるんです。

女性 そんな方法で速度がわかるんですね。びっくりしました。

男性 あっはは。走っている列車を外から見ても、その列車の速度がわかりますよ。

女性 あら、そうなんですか？

男性 日本の在来線の車輌は1車輌20mなんです。だから電柱などの目印の前を5輌編成の列車が5秒間で通過したとすると、列車の長さは全部で100mなので秒速20mだということがわかります。それを60倍にして分速1200m、すなわち分速1.2km。さらにそれを60倍して時速72kmだとわかるんです。

女性 いいことをお聞きしましたわ。

男性 そう思っていただけると嬉しいです。

速さ・時間・距離の関係

 実はこの男性、僕の会社の上司のカズオさんなんです。休暇のたびに旅行に出かけるのは、こんな楽しみがあったからなんですね。
 このように時計があれば列車の速度を測ることができるんです。
 ちなみに、速さ、時間、距離を「は・じ・き」などと言って覚える人達がいます。これは絶対にダメです。こんな奇妙なものを覚える人に限って「時速20kmで5時間進むと、4km進むことになる」などと、覚え間違いからとんでもない答えを出すのです。
 時速20kmとは、1時間に20km進む速さなんだと、その意味だけ理解しておけばよいのです。
 AB2地点間の距離が150kmのとき、行きが時速30km、帰りが時速50kmで走行する車の往復平均速度は、時速40kmではありません。
 行きの5時間と帰りの3時間の合計8時間で、往復の300kmを走行すると考えて、時速37.5kmになります。

$$\frac{300\text{km}}{8\text{時間}} = 37.5\text{km/h}$$

【参考】ふしぎな数のおはなし（数研出版）（P58）
　　　　就活の算数（セブン＆アイ出版）（P67）

16 グラスに丸氷を入れて一言

今夜、みっくんとミーちゃんの2人は、ホテルの45階にある夜景のきれいなバーでデートしています。2人はグラスでウイスキーを注文しました。

ミーちゃん このグラスの中の大きな丸い氷、とってもきれいね。

みっくん バーテンダーさんがアイスピックで氷を削って作ったんだよ。本当にきれいな球形をしているね。

ミーちゃん うん。このまま永遠に溶けなければいいのに。

みっくん そうだ、アルキメデスって知ってる?

ミーちゃん うん。学校で習ったんだけど、確かアルキメデスがお風呂に入っていて浮力の原理を発見したとき、興奮のあまり裸のまま外へ飛び出したんでしょ?

みっくん うん、それは有名な話だね。アルキメデスは他にも、てこの原理についても述

> みっくん…
> あなたの願いは
> 叶えたわよ…

べているよ。「私に長い棒と支点さえ与えてくれれば、地球を動かしてみせる」って。

ミーちゃん へぇ～、すごい。

みっくん そのアルキメデスのお墓には、こんな図が描かれていたらしいよ。

みっくんは紙ナプキンに円柱の中に球が入った図を書いています。

ミーちゃん なんでアルキメデスのお墓には、そんな図が刻まれているの？

みっくん アルキメデスは、球の表面積や体積の公式なども発見しているからさ。

ミーちゃん そっか。それでそんな図がお墓に描かれているのね。数学者って感じで、

いいよね。みっくんも、お墓に何か描いてもらったら。

みっくん そうだ。それで思い出した！ 前にここで一人でお酒を飲んでいるときに、僕もすごいことを思いついちゃったんだ。このウイスキーの入っているグラスの形って何ていうか知ってるかい？

ミーちゃん これってプリンが入っている容器と同じ形だよね。う〜ん、円台形？

みっくん おしいなあ。円すい台っていうんだよ。円すいのとがっている方を底面に平行に切り取って、逆さにした形だから。

ミーちゃん なるほど。そういえばそうね。それで、みっくんの発見したお酒の香りがする大発見って？

みっくん このウイスキーの入っているグラスに、ぴったりおさまるように丸氷を入れたとき、グラスの底（下底面）の半径をa、グラスの口（上底面）の半径をb、丸氷の半径をrとすると、rの二乗（r×r）＝a×bになることを発見したんだよ。そのことが、とってもうれしくてね。

ミーちゃん みっくんて、すごいのね。もし、私より先にみっくんが亡くなったら、みっくんのお墓には、グラスに入った丸氷の図を刻んであげるわ。

アルキメデスの墓標の拡張

僕の見つけたグラス(円すい台)と丸氷(球)の関係式をもう少し詳しく説明しますね。

グラス(円すい台)に入れた丸氷(球)が、グラスの側面と上底面と下底面にぴったり接しているとします。

そのとき丸氷の直径はグラスの下底面と上底面の距離になります。

このとき、グラスの底の半径をa、グラスの口の半径をb、丸氷の半径をrとすると、
$r^2 = a \times b$ という関係式がなりたつんです。

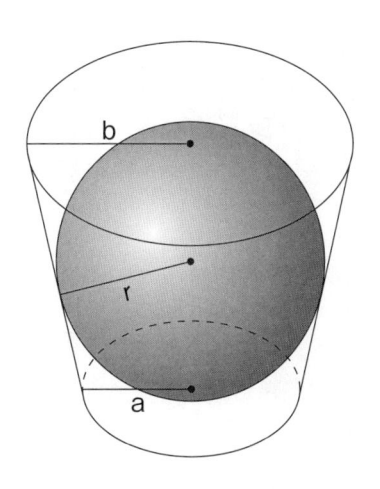

【参考】
新体系・高校数学の教科書-下(講談社ブルーバックス)(P 217)

17 素敵なネックレスをほめる一言

前回の続きです。みっくんとミーちゃんは、夜景のきれいなバーにいます。

みっくん 今日のミーちゃんのネックレスすごく素敵だね。

ミーちゃん うん、ありがとう。お母さんにもらったものなの。

みっくん ネックレスを首にかけたときの形って、最高に素敵だと思うよ。

ミーちゃん 昔、数学で放物線とかいうのを習ったけど、こういうのって放物線ていうんじゃないの?

みっくん そうか。ミーちゃんもそう思う? 実はね、ピサの斜塔の実験で有名なガリレイも、こういうネックレスを首にかけたときの形は放物線だと思ったんだよ。

ミーちゃん 違うの?

みっくん うん。違うんだよ。

ミーちゃん　じゃあ、なんなの？
みっくん　これは懸垂線ていうんだ。
ミーちゃん　けんすいせん？
みっくん　ぶらさがる懸垂と同じ懸垂だよ。
ミーちゃん　懸垂線は放物線とは違うの？
みっくん　似ているけど違うんだ。懸垂線は自然対数の底（てい）と呼ばれる値を使用したかなり難しい式で表されるんだ。
ミーちゃん　自然対数の底ってどういうの？
みっくん　円周率の3・14…をπで表すように、自然対数の底（てい）は2・71828…というように無限に続いていく値をeで表したものなんだ。どうやってこの値が求められるかについても説明して欲し

いかい？

ミーちゃん　いいえ、それはまたの機会でいいわ。それより、みっくん、他の人にも同じことを言ってるんじゃないの？

みっくん　いや、そんなことはないよ。こういう話をするのはミーちゃんだけだよ。

ミーちゃん　そう？　私、そういえば、どこかで懸垂線という言葉を聞いた記憶があるなって、さっきからずっと考えていたんだけど思い出したわ。

みっくん　何を思い出したんだい？

ミーちゃん　ハルナちゃんも懸垂線のことを言ってたのよね。みっくんから教えてもらったって言ってたわよ。いったいどこで教えてあげたの？

みっくん　ああ、そのことか。え〜と、え〜と。会社のに近くに高圧線があるでしょ。あれを見てるときに、ハルナちゃんに、これは懸垂線というんだよって教えてあげたんだよ。

ミーちゃん　ふ〜〜ん。いやに返事に時間がかかったわね。ホントかなあ〜〜〜？

第2章 驚かせるトリック、魅力的にみせるテクニック

懸垂線

 自然対数の底 e は、この値の研究をしていた数学者、ジョン・ネイピアの名にちなんでネイピア数とも呼ばれています。
 自然対数の底 e ＝2.71828…… は、次のようにして求められたものです。

 （1＋1）の1乗は2
 （1＋1/2）の2乗は9/4＝2.25
 （1＋1/3）の3乗は64/27＝2.37……

という計算をずっとやっていったときに近づいていく値が自然対数の底の e ＝2.71828…… なんです。
 そして、この e を使用した式で表されるものの一つが懸垂線というわけです。

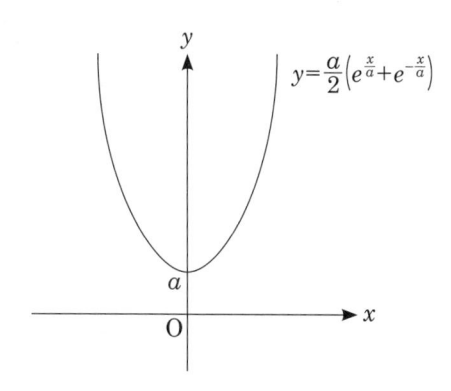

$$y=\frac{a}{2}\left(e^{\frac{x}{a}}+e^{-\frac{x}{a}}\right)$$

【参考】
新体系・高校数学の教科書－下（講談社ブルーバックス）（P 290）

18 コンパニオン全員の人数を当てましょう

みっくんの会社の上司であるカズオさんは、クライアントの接待用に使うクラブの下見に来ています。カズオさんの相手をしているのは、お店の女の子のリンさんです。

リン　はじめまして。リンです。よろしくお願いします。
カズオ　カズオです。こちらこそ、よろしくね。
リン　こちらのお店には、よくいらっしゃるのですか？
カズオ　いや、実は今日が初めてなんだ。
リン　そうなんですか。今後ともごひいきにしてくださいね。
カズオ　ええ。ところでここは年中無休なの？
リン　はい、そうですよ。
カズオ　リンさんは、いつ出勤してるの？

リン このお店の女の子はみんな1週間に3日ずつ出勤するようになっているんです。私は月水金が出勤です。

カズオ そうか。今日は金曜日だから、リンさんと出会えたわけだ。

リン そうですね。私もカズオさんと出会えてうれしいです。

カズオ 随分にぎやかだけど、いつも何人の女の子が出勤してるの?

リン 毎日、ちょうど30人ですね。

カズオ 毎日、30人ですか。そうすると、このお店には全部で70人の女の子が在籍しているんですね?

リン えっ? 正解です。どうしてそんなことがわかるのですか?

カズオ このお店の女の子は誰もが週に3日ずつ、毎日30人が出勤していることから、わかったんです。

リン でも、どの女の子が何曜日に出勤しているのかなんて詳しく知らないでしょ？そんなことは知らなくても、さっきの情報だけで、女の子の在籍人数はわかるんですよ。

カズオ はい。

リン どうすれば、わかるか教えて頂けますか？

カズオ いいですか。毎日、30人ずつ出勤しているので、1週間ではのべn×3人になります。

リン はい。

カズオ 女の子の在籍人数をn人とすると、それぞれの女の子が週3日ずつ出勤しているので1週間ではのべn×3人になります。ようするにn×3＝210になるというわけです。

リン ああ、なるほど。そう言われれば、確かにそうなりますね。

カズオ n×3＝210なので、女の子の在籍人数は、70人だとわかるわけです。

リン そうやってわかったんですか。するどいですね。こういうお話をしてくれるお客様は初めてなので、感激しましたわ。

第2章 驚かせるトリック、魅力的にみせるテクニック

知り合いの関係を数える

ここに11人の紳士がいて、その誰もが「自分はこの中で自分以外のちょうど5人とお互いに知り合ってる」と言ったとします。

そこで、a氏とb氏が知り合いの関係のとき、それを1つと数えて、知り合いの関係が全部でいくつあるかを求めましょう。

紳士を点、「知り合いの関係」を点と点を結ぶ線とします。すると誰もが5人と知り合っているわけですから各点から線は5本ずつ出ていることになり、

知り合いの関係の個数はa→b、b→aと重なった線の半分なので

$5 \times 11 \div 2 = 27.5$

となります。これは知り合いの関係の個数が整数であることに矛盾していますので誰かが嘘を言ったことになります。

コンパニオンの人数も知り合いの関係の個数も「二通りに数える」という重要な発想が根底にあります。

離散数学という分野の数学定理には、この発想を本質的に証明されたものが少なくありません。

【参考】
新体系・中学数学の教科書－下（講談社ブルーバックス）（P260）

19 名刺交換でモテる手品

カズオさんは、今日は会社を代表して異業種名刺交換会に来ています。そして、大会社の社長秘書の女性と名刺交換をし、話を盛り上げています。

カズオ　名刺ありがとうございます。下のお名前は久美さまですか。私の母と同じで嬉しく思いました。

久美　あっ、申し訳ありません。お渡しした名刺がちょっと汚れていましたね。

カズオ　いや、大丈夫ですよ。

久美　これは新しい名刺ですので、どうぞ。その前の名刺は私に捨てさせてください。

カズオ　そ、それはもったいないですよ。手品に使っていいですか？

久美　その名刺で手品をしていただけるのですか？　お見せしますよ。

カズオ　はい。失礼ですが、久美さまは大学で何をご専門に学ばれたのですか？

久美 私は一応、経済学です。

カズオ そうすると、価格の均衡解などに関係する不動点定理なども学ばれたのですか？

久美 その定理はゼミで学ばせていただきましたが、それと名刺の手品が何か関係あるのですか？

カズオさんは返事をする間もなく、自分の名刺を1枚取り出し、四隅が見えるようにずらして、自分の名刺の上に久美さんの名刺を乗せました。

カズオ この二枚の名刺をとりあえず固定して、こうやって2本の点線を真っ直ぐ引

久美　先の尖ったものですか？　よろしければこれを使っていただいてもいいですか？

久美さんは襟元からピンブローチをはずしてカズオさんに渡しました。カズオさんは、その点線同士の交点にピンブローチを深く刺しました。

カズオ　素敵なブローチをありがとうございます。さて、この状態で上の名刺をゆっくり廻していただけますか？

久美　はい。わぁ〜、ぴったり重なりました。すごいですね！

カズオ　二人の気持ちもこんな風に一致したら面白いですよね。

きますね。この交点に先の尖ったもので両方の名刺を通したいのですが。

名刺や地図に応用する不動点定理

カズオさんが四隅が見えて、ずれた状態で重なった2枚の名刺にピンブローチで刺した点のことを数学では不動点といいます。

不動点は1つだけで、次のようにして求めたのです。図のように重なった2枚の名刺の短い辺どうしの交点QとSを結んだ線と、長い辺どうしの交点PとRを結んだ線の交点が不動点Tになります。

そして、この不動点にピンブローチを深く刺せば、名刺はぴったり重なるというわけです。

中学校数学の図形の知識でこの証明はできますが、最もハイレベルだと言えるでしょう。

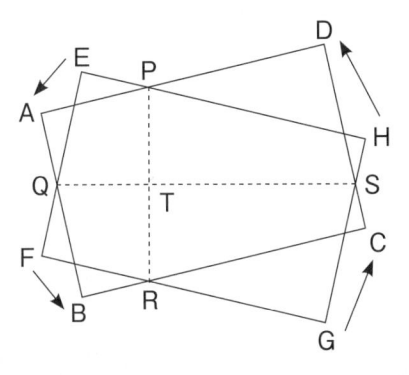

同じ地域について縮尺の異なる大小2枚の地図を重ねると、同一地点を示すぴったり重なる場所が1つあります。これも不動点といいます。

【参考】数学で遊ぼう（岩波ジュニア新書）（P156）

20 物差し一本で測る距離

快晴の日曜日、みっくんとミーちゃんは河原にピクニックに来ています。2人は河原に広げたシートに座り、ミーちゃんが作ってきたお握りを食べることにしました。

ミーちゃん ねえ、向こう岸までどのくらいあるのかな？

みっくん あっはは。ミーちゃんの計測癖が出たな。では測ってみようか？

ミーちゃん えっ、どうやって測るの？

みっくん ミーちゃん、いつもの物差しと巻き尺、持ってる？ それがあれば向こう岸までの距離がわかるよ。

ミーちゃん だって、いくらなんでも無理でしょう。物差しは30cmしか測れないし、巻き尺だって2mだよ。少しずつずらしていけば測ることができるけど、川の中に入らなければならないでしょ。

みっくん いや、そんなことしなくてもいいんだよ。ミーちゃん、物差しを出して。僕があそこの橋を渡って向こう岸へ行き川辺に立ったら、ミーちゃんはこちら側の川辺に立ち、こうやって右腕を真っ直ぐ前に伸ばした状態で、物差しが地面に垂直になるように立てて、物差し上での僕の頭の先から足もとまでの長さを測って。

ミーちゃん うん、わかった。

さっそく、みっくんは向こう岸へ行き、川辺に立ちました。

みっくん ミーちゃん！ 物差し持って僕を測って！

ミーちゃんは言われた通りにみっくんの頭の先から足もとまでの長さを測りました。

ミーちゃん 測ったわ。物差し上でちょうど10cmよ！

みっくんが、戻って来ました。

みっくん ミーちゃん、物差しまでの長さを測るから、さっきと同じように物差しを持って腕を伸ばしてごらん。

みっくんは巻き尺で、ミーちゃんの目から物差しまでの長さを測りました。

みっくん ミーちゃんの目から物差しまでの長さは55cmだ。僕の実際の身長は170cm、向こう岸の僕は10cmに見えたので、ざっと計算すると、この川幅は約9mだね。

ミーちゃん ねえねえ、どうしてわかったのか教えて！

92

第2章　驚かせるトリック、魅力的にみせるテクニック

相似の性質の利用

　川幅がわかったのは、中学のときに習う相似を利用したからです。一つの図形を拡大または縮小したとき、その図形はもとの図形と相似であるといいましたね。覚えてますか？

　さて、この相似を利用して計算すると、次のようになります。

　僕の実際の身長は170cmですが、向こう岸に立ったときの物差し上では10cmでした。ということは、向こう岸の僕が17分の1に縮小されたということです。

　だから逆にミーちゃんの目から物差しまでの長さを17倍したのが川幅になります。

　よって、55cm×17＝935cm＝9m35cmとなり、約9mというわけです。

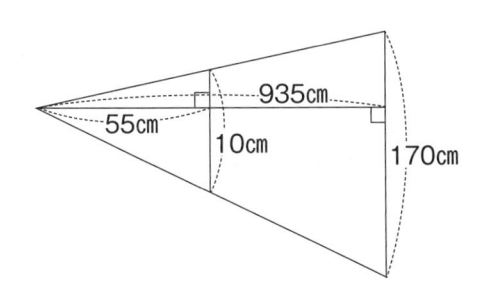

【参考】
新体系・中学数学の教科書－下（講談社ブルーバックス）（P116）

21 あの二人が一緒のバスに乗る確率は変だ

みっくんとミーちゃんは同じ会社に勤めています。今日の仕事が終了し、2人は帰りのバスに乗っています。

みっくん 今日って何の日かわかる?
ミーちゃん えっ? わからないわ。何か特別の日だっけ?
みっくん 僕たち今日でちょうど1000日出社したことになるんだよ。
ミーちゃん 本当? そうなんだ〜。
みっくん それでね。僕たち2人がそれぞれ朝7時半と8時のバスにちょうど500回ずつ乗車したことが、タイムカードからわかるって課長から言われたよ。
ミーちゃん ふ〜ん。でも、私たちの仲は会社にはバレないように内緒にしてるのよね。
みっくん うん、そうだよ。でも課長はちょっと疑ってるみたいなんだ。課長が「君たち

はちょうど確率2分の1で7時半のバスと8時のバスに乗ってるんだ」って言うから「はあ〜、そうなんですか」と、答えたんだ。そんなこと今まで知らなかったからびっくりしたよ。

ミーちゃん へぇ〜、課長、そんなこと言ってたんだ。

みっくん うん。そしたら「なんか2人の仲が怪しいと噂になっている」って言うんだよ。

ミーちゃん そんなわけないはずよ。会社でだって特にベタベタしているわけじゃないし。他の人たちと同じように普通に接してるわよね。

みっくん そうだね。ところが課長は僕た

ちが一緒のバスに乗って出社した回数で疑っているみたいなんだよ。

ミーちゃん だって2人が一緒のバスに乗って出社したのって、半分よりちょっと多いくらいしかないでしょ？ 少ないとは言えないけど毎日一緒に出社してたわけではないじゃない。

みっくん それなんだけどね。課長が言うには、タイムカードの記録から僕たちが一緒に出社したのは1千回のうち550回なんだ。これが僕たちの仲を疑うことになった理由らしい。

ミーちゃん え〜、どうして？

みっくん ようするに、確率2分の1の出来事が469回以下または531回以上起きる確率は20分の1以下、すなわち5％以下しかない非常に珍しいことなんだよ。僕たちが550回一緒のバスに乗って出社してるというのは、531回以上だから5％以下しか起きない珍しいことなんだ。

ミーちゃん そうなんだ〜。そうだ、みっくん、どうせ疑われてるなら、もっと会社で仲良くしちゃおうよ。

第2章 驚かせるトリック、魅力的にみせるテクニック

有意水準5％で棄却

　課長が言っていたことを、もう少し詳しく説明すると次のようになるんだ。

　たとえば、正常なコインを1000回投げたときに、表が469回以下しか出なかったとか、531回以上出た場合、そのどちらかが起きる確率は1/20以下、すなわち5％以下しかない珍しいことで、統計では有意水準5％で棄却っていうんだよ。

　コインが正常だとすると、前述したようなことが起きることは非常に珍しいことなので、正常であるという仮説は棄却するという範囲なんだ。棄却とは、正常なコインであるという仮説は成り立たないってことさ。

　だから僕たちが同じバスに乗って出社した550回という回数も531回以上なので、非常に珍しい5％の中に入ってしまうんだ。だから課長は僕たちの仲を疑ったというわけ。

　これが100回の中の55回ならまだあり得るかな、ということにもなるんだけど。

　このように統計っていうのは、データ数が多くなるほど信頼度が増していくんだ。

【参考】
新体系・高校数学の教科書－下（講談社ブルーバックス）（P 355）

22 自分の癖に目を向けないとね

商店街での、くじびき大会の帰り道のことです。

みっくん　くじびき大会では、いつもティッシュしか当たらないね。
ミーちゃん　そうなのよ。私、何回やってもティッシュばかり。どうしても当てたいって余計なものまで買ってチャレンジしたけど、みっくんも結局ダメだったもんね。
みっくん　うるさいなあ。いいじゃないか。
ミーちゃん　何かあのくじびきって、怪しいんじゃない？
みっくん　怪しいって？
ミーちゃん　わたしたちだけに当たらないようになっているとか、特定の人にしか当たらないとかさ。
みっくん　人間ていうのはみんな他のものに対して怪しいとか仕掛けがあるんじゃないか

と疑うけど、よく考えてみると、自分の癖にあまり目を向けてないんだよ。
ミーちゃん え〜、そうなの？
みっくん そうなんだよ。実際に膨大なじゃんけんのデータをとってみると、グーが多くてチョキが少ないんだ。そのことからジャンケンではパーが有利だって言えるでしょ。もう一つ言うと、じゃんけんで同じ手を続ける割合は理論値の3分の1より少なくて、4分の1ぐらいなんだ。
ミーちゃん そうするとどうなの？
みっくん たとえばグーであいこになったら、次はパーかチョキを出す割合が4分の3ぐらいなので、グーに負けるチョキを出すと勝つか引き分ける可能性が4分の3ぐ

らいになるんだよ。ようするに、あいこになったら、次は出した手に負ける手を出すといいんだ。こんなふうに人間は自分の癖を意外と知らないんだ。

ミーちゃん おもしろいね。みっくん、他にも人間の癖ってあるの？

みっくん あるよ。ナンバーズ4宝くじって、あるでしょ。あの当選番号の4桁の数字と賞金を見てごらん。それを見ると4桁の数字に5、6、7、8、9が多く含まれている当選番号のときの賞金はけっこう高いんだ。ナンバーズ4宝くじは、当選者で賞金を山分けするから当選者が少ないと賞金額が多くなるんだ。ようするに、5、6、7、8、9の中から数字を多く選ぶ人が少なくて、0、1、2、3、4の中から数字を多く選ぶ人が多いってことだね。

ミーちゃん へえ、そんな特徴があるの。

みっくん うん。暗証番号も同じだよ。キャッシュカードやパソコンで使用する暗証番号も0、1、2、3、4の方を多く使用している人の方が圧倒的に多いんだ。

ミーちゃん そんな話、泥棒さんに知られない方がいいわね。

人間の感覚

実はナンバーズ４宝くじで、当選番号の４桁の数字が５、６、７、８、９だけからできていて、しかも重複している数字があるもの、例えば5659とか7707とか8978のような場合、賞金額は特に高額になることが一般的です。

そもそもナンバーズ４宝くじで重複している数字が出る確率は

$$1 - \frac{10 \times 9 \times 8 \times 7}{10000} = 0.496$$

すなわち49.6％もあります。

もちろんこれには0270とか2388のようなものも含まれますが、多くの人達は49.6％という数字が自分の感覚より大きいので驚くようです。

ちなみに、7707とか1444とか6636のように、ちょうど３つの文字が含まれるものが当選番号になる確率は

$$\frac{10 \times 9 \times 4}{10000} = 0.036$$

すなわち3.6％しかありません。

【参考】
いかにして問題をとくか 実践活用編（丸善出版）（P123、P133）

23 両方から引っ張られると痛みは2倍?

ミーちゃんとみっくんは公園でデートをしています。2人がベンチに座って缶ジュースを飲んでいると近くで大声がします。思わず2人がそちらを見ると、小学生らしい男の子2人が、何やらもめているようです。

サトシ マサオ君、今日は俺とカードゲームをするって約束してただろ〜〜！
マサオ サトシ君、ごめんよ〜！ 急に予定が入っちゃったんだよ〜！

どうやら、サトシ君とマサオ君は、今日、カードゲームをする約束をしていたものの、マサオ君の予定が悪くなってしまったようです。サトシ君はマサオ君と遊びたいあまり、マサオ君の片手を両手でひっぱっています。一方のマサオ君は、片手でブランコの鉄柱に必死でつかまって抵抗しています。

サトシ マサオ君とカードゲームをするのを楽しみにしてたんだぞ！

マサオ ごめん！ 今日はダメなんだ！

　そこへマサオ君と同じ力を出すツヨシ君がやってきました。

ツヨシ おい、マサオ君！ 今日は僕と将棋をする約束だろ！

マサオ ツヨシ君！ 今日はダメなんだ。

　ツヨシ君は鉄柱につかまっているマサオ君の片手をはずすと、サトシ君と綱引きをするようにマサオ君をひっぱり始めました。

ツヨシ この前は、マサオ君に負けたから、今日こそはと思って研究してきたんだぞ!

みっくん サトシ君、ツヨシ君! そんなふうに2人で両方からマサオ君をひっぱったら、マサオ君はたまらないだろう。さっきはサトシ君1人だけでひっぱってたからまだしも、2人になったら痛みも2倍になるんだぞ! そうだよな? マサオ君?

マサオ うんうん。痛い! 痛みも苦しみ倍増だよ。2人ともひっぱるのをやめて!

みっくんはマサオ君だけにわかるように片目でウインクしました。

2人は仕方なくマサオ君の手を離しました。

ミーちゃん マサオ君の痛みが倍になったから、本当に心配しちゃった。みっくん 本当はちょっと違うんだ。ミーちゃんは物理が嫌い?

ミーちゃん 物理なんて大嫌い! みっくんは何が言いたいの?

104

第2章 驚かせるトリック、魅力的にみせるテクニック

作用反作用の法則

　マサオ君は最初、片手で鉄柱につかまり、片手をサトシ君にひっぱられていました。

　そこへツヨシ君がやって来て、鉄柱からマサオ君の手をはずし、サトシ君と綱引きをするように両側からひっぱり始めました。

　これだけみると、1人でひっぱられるより、両側から2人にひっぱられる方が、マサオ君にかかる力も2倍になり、苦しいように見えますね。

　でも、物理で習う作用反作用の法則を思い出してください。

　最初、サトシ君1人にひっぱられたときにマサオ君にかかる力と、ツヨシ君と2人でひっぱられたときにマサオ君にかかる力は、実は同じなんです。

　鉄柱がツヨシ君に代わっただけなのです。

　とはいえ、2人からひっぱられているマサオ君をそのまま放っておくわけにもいきません。

　だから僕はマサオ君のところへ行き、マサオ君だけにわかるよう合図をして「2人で両方からひっぱると力も2倍になるので、マサオ君が苦しんでる」ってことを演出し、2人にひっぱるのをやめさせたんです。

　マサオ君も僕の言うことに合わせてくれたというわけです。さすが人気者のマサオ君らしく頭の回転も早いですね。

【参考】数学でみがく論理力（日本経済新聞社）（P 22）

24 私はみんなからシカトされます

このところ悩み事でもあるのか、ミーちゃんの様子が少し変です。

みっくん　最近、ミーちゃん元気ないね。何かあった？
ミーちゃん　みんなが私のことをシカトしてるの。
みっくん　何だって！　僕はミーちゃんのことシカトなんてしてないよ！
ミーちゃん　そうね。みっくんは違うけど……。
みっくん　ミーちゃんは「みんなが私のことをシカトしてる」って言ったでしょ。1人でも例外があったら、みんながシカトしてるなんて言えないでしょ。
ミーちゃん　そんなこと言われても……。
みっくん　でも、これは大切なことなんだよ。今の若い人たちに「みんなが携帯を持っている」という文章の否定文を言ってごらんというと「みんな携帯を持っていない」と答え

るんだ。これは間違いなんだよ。

ミーちゃん じゃあ、どう言えばいいの？

みっくん 「みんなが携帯を持っている」の否定文は「ある人が携帯を持っていない」と言えばいいんだ。ある人が携帯を持っていなければ、それだけで否定になるでしょ。

ミーちゃん うん。

みっくん シカトの話も同じだよ。では、ミーちゃんに問題ね。「会社の女子社員はみんな150センチ以上の身長です」これの否定文はどうなる？

ミーちゃん 「会社のある女子社員は150センチ未満です」と言えばいいんじゃないの？

みっくん　そうだよ。だってミーちゃんは148センチだもんね。他にも今の中学、高校生のかなりの人が間違える数学の大切なことがあるんだよ。

ミーちゃん　それは何？

みっくん　それは、x＋2＋x＋3＝2x＋5という式に関することなんだ。。この式はどんな数字をxに入れても成り立つ式でしょ。

でも、x＋2＝5という式はxに3を入れたときだけ成り立つ式で、これが方程式っていうやつなんだよ。この2つの式の違いを今の中学生、高校生は理解していない人がたくさんいるんだ。前者は「すべて」、後者は「ある」がキーワードなんだよ。これも今の数学教育の問題らしいよ。

ミーちゃん　そうなんだ。

みっくん　少しは元気になった？

ミーちゃん　う〜〜ん、微妙〜！　でも、少し頭が良くなったみたいで嬉しいかも。

「すべて」と「ある」の用法

xにどんな数字を入れても成り立つ
x＋2＋x＋3＝2x＋5
のような式を恒等式といいます。今の数学教育の大きな問題の一つに恒等式とx＋2＝5
のような方程式を生徒や大学生が混乱していることにあります。

$$\frac{1}{2}(x-3)+\frac{1}{3}(4x+5)$$

を計算しなさいという問題で、勝手に6倍して
3(x－3)＋2(4x＋5)
を計算しては、答えが6倍になってしまいます。

もちろん方程式
$$\frac{1}{2}(x-3)=\frac{1}{3}(4x+5)$$
を解きなさいという問題で両辺を6倍して
3(x－3)＝2(4x＋5)
を解くことは良い方法です。

このような混乱の背景には「すべて」と「ある」の用法があるのです。

【参考】数学的思考法（講談社現代新書）（P 154）
算数・数学が得意になる本（講談社現代新書）（P 97）

第3章

√ 目の前の問題を解決するヒントは
数学的発想から
数学力の実践

短時間で公平に選べますか？

今日はクリスマス・イブ。街のあちこちでパーティーの準備が行われています。ところが、いくつかの団体では買い物係を誰にするかでもめています。買い物係は自分の好きなものを多く買えるというメリットがあるからです。

15人のメンバーがいる団体へ御隠居さんがやって来ました。幅広い知識の持ち主である御隠居さんは、いつもさまざまな人から相談を受けています。

御隠居 みなさん、どうされましたかな？

幹事 買い物係の希望者が多く、どうやって決めたらいいか困ってるんです。先ほどは、じゃんけんで決めようとしましたが、15人もいるとなかなか決まらないと思って。また、いちいちあみだくじを作るのも面倒でね。御隠居さん、何かいい方法はないですかね？

御隠居 ありますとも。それでは1番から15番までの番号を書いたカードを用意してくだ

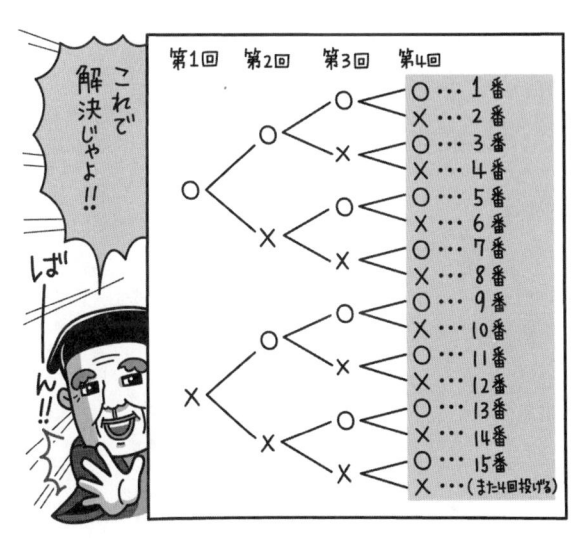

```
第1回   第2回   第3回   第4回
                       ○ … 1番
                 ○
                       × … 2番
           ○
                       ○ … 3番
                 ×
                       × … 4番
     ○
                       ○ … 5番
                 ○
                       × … 6番
           ×
                       ○ … 7番
                 ×
                       × … 8番
                       ○ … 9番
                 ○
                       × … 10番
           ○
                       ○ … 11番
                 ×
                       × … 12番
     ×
                       ○ … 13番
                 ○
                       × … 14番
           ×
                       ○ … 15番
                 ×
                       × …(また4回投げる)
```

これで解決じゃよ!!

ばーん!!

さらんかな。用意できたら、1人ずつ順番に渡してくだされ。

15人のメンバーが、それぞれ1枚カードを持ちました。その間に御隠居さんは、紙に何やら表らしきものを書いています。

御隠居 みなさん番号が決まりましたね。では、この表を見てくだされ。

御隠居さんの用意した表には○と×がたくさん記入されています。右側には1番から15番まで番号がふってあります。

御隠居 コインをこれから4回投げます。

コインは表か裏のどちらかです。ここに書いてある〇がコインの表、×がコインの裏です。

幹事 でも、御隠居さん、4回とも裏のところには番号がないですね？

御隠居 ええ。コインを4回投げたときの出方は全部で16通りなので、4回とも裏が出た場合は、もう一度4回コインを投げればよろしい。何せ4回とも裏が出るのは16回のうち1回の可能性ですからな。そんなに何度も裏ばかりは出ません。すぐに決まるはずじゃ。

幹事 なるほど、これなら簡単に決めることができますね。さっそくやってみます。

　再び御隠居さんが散歩していると、今度は34人のメンバーがいる団体に出会いました。さきほどの団体と同じように、誰を買い物係にするかでもめているようです。

御隠居 みなさん、どうなさいましたかな？
幹事 うちはメンバーが34人もいるので、ほとほと困っています。
御隠居 だったらみなさん、ここにサイコロがありますから、皆さんに番号をつけてから、このサイコロを投げて決めるといいですよ。ワッハハハ！

サイコロで係を決める方法

サイコロを使って34人の中から買い物係を決める方法もコインの方法と同じじゃ。

サイコロの目は全部で6あるから、34人の中から1人を選ぶには、サイコロを2回ふるだけでよいということがわかるかな?

サイコロを2回ふったときの目の出方は、6×6=36通りになるからじゃ。

あとは下図のような表を準備するだけでよいというわけじゃな。

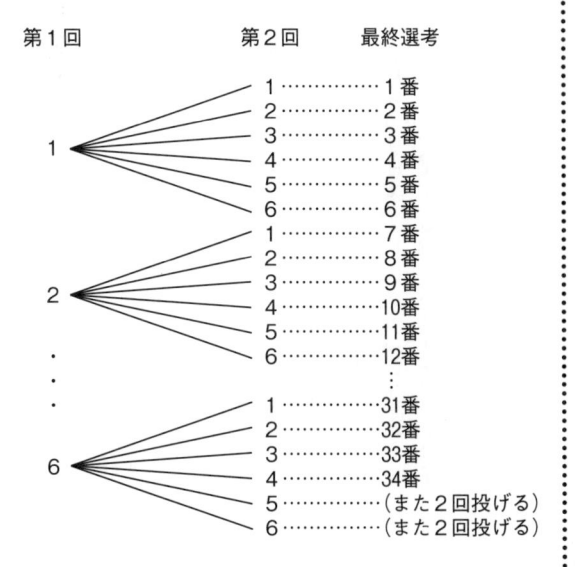

```
第1回          第2回        最終選考
                1 ……………… 1番
                2 ……………… 2番
                3 ……………… 3番
   1            4 ……………… 4番
                5 ……………… 5番
                6 ……………… 6番
                1 ……………… 7番
                2 ……………… 8番
                3 ……………… 9番
   2            4 ……………… 10番
                5 ……………… 11番
                6 ……………… 12番
   ・            ・              ：
   ・
                1 ……………… 31番
                2 ……………… 32番
                3 ……………… 33番
   6            4 ……………… 34番
                5 ……………… (また2回投げる)
                6 ……………… (また2回投げる)
```

【参考】数学で遊ぼう(岩波ジュニア新書)(P85)

そんな知り合いの関係はあり得ません！

御隠居さんは30人が参加しているパーティーの会場にいます。

司会者 こんばんは。御隠居さんもいらしてたんですか？

御隠居 私は今来たところじゃ。たまたまこの中に知り合いがいるものでな。

司会者 御隠居さんもですか。ここは皆さん、知り合いの多いパーティー会場ですね。

御隠居 ワッハッハ！ 知り合いが多いから、楽しく過ごせるんでしょうな。

司会者 そうですね。先ほど聞いたところによりますと、17人の方は皆さんちょうど20人とお互い知り合いの関係があるそうです。そして、残りの13人の方は15人とお互い知り合いの関係があると言ってましたよ。

御隠居 ふむ。それは誰かが勘違いしておるか、ウソを言っていますな。

司会者 そんなことがすぐにわかるんですか？

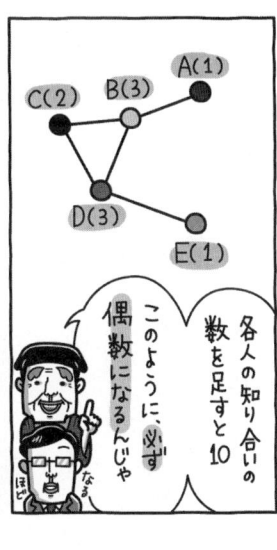

御隠居　それがわかるんですな。数学にグラフ理論というものがありましてな。そのグラフ理論の初歩の初歩の話ですが、先ほどのことがわかるというわけです。

司会者　グラフ理論って何ですか？　グラフか何かを書くんですか？

御隠居　簡単に言えば、点と線を結んだ図のことです。

司会者　そのグラフ理論とかを用いると、どうして誰かが勘違いしているか、ウソをついているとわかるんですか？

御隠居　それはですな、何か紙と書くものをはいしゃくできますかな？

司会者は手帳とペンを渡しました。

御隠居　たとえば、ABCDEという5人がいて、その5人はこの図（P117上）のような知り合い関係にあったとしますな。

司会者　はい。

御隠居　AさんからDさんまでのそれぞれの知り合いの人数をカウントするとAさんとEさんは1人、Cさんは2人、BさんとDさんは3人いることになりますな。

司会者　確かにそうですね。

御隠居　そこで、それぞれの知り合いの数を合計すると10人になるじゃろ？

司会者　はい、10人ですね。

御隠居　ようするに、この図のように点と線で結ばれたものは、各点から出ている線の数を合計すると必ず偶数になるんじゃよ。だが、先ほどのお話だと、17人の方は20人とお知り合い、残りの13人の方は15人とお知り合いと言っておったな。

司会者　はい、その通りです。

御隠居　そうするとじゃ、20×17＋15×13＝535と奇数になる。だから私は誰か勘違いしているか、ウソをついていると言ったんじゃよ。

第3章　目の前の問題を解決するヒントは数学的発想から

グラフ理論の応用

　グラフ理論とは、いろいろなもののつながりや関係性を、点と線を結んだ図によって、分析する方法のことじゃ。
　グラフ理論では、点はそのまま「点」というが、点と点を結んだ線のことを「辺」と呼んでいる。そして、点と辺で結ばれた図のことを「グラフ」と言っているんじゃな。
　また、各点から出る辺の数のことを「次数」と言う。こんな用語だけでも覚えておくといいじゃろ。
　さて、私がパーティー会場で言っていたように、各点から出る辺の数（次数）の合計は、必ず偶数になることがわかっておる。なぜならば、1つの辺には必ず2つの点があるからじゃ。だから辺の数×2が次数の合計になり、よって次数の合計は偶数になるというわけじゃな。
　その性質からいえることがある。
　奇数の次数を持つ点は偶数個あるということじゃ。
　皆さんも、実際にいろいろな図を書いて試してみるとよい。ワッハハハ！

【参考】置換群から学ぶ組合せ構造（日本評論社）（P 123）

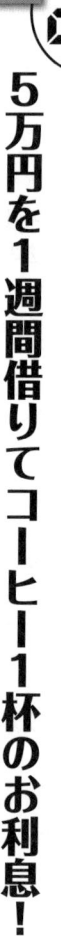

27 5万円を1週間借りてコーヒー1杯のお利息！

2006年に成立した貸金業法改正法以前には、多くの金融業者が出資法の旧上限金利（年29.2％）と利息制限法の上限金利（年15～20％）の間で貸し付けを行って問題化していました。このような金利のことをグレーゾーン金利と呼んでいます。これはこのグレーゾーン金利が実施されていた頃のお話です。

飲み屋のカウンターで2人のサラリーマン、鈴木さんと田中さんが話をしています。

鈴木 この広告を見てみなよ！「5万円を消費者金融から1週間借りてコーヒー1杯のお利息！」だってさ。本当かな？

田中 いや、確かに5万円を消費者金融から借りても、年利29.2％だから約30％で計算すると、1年を約50週だとして5万円×0.3÷50＝300円だね。だから「5万円を1週間借りてコーヒー1杯のお利息」というのは本当かもな。

鈴木 へえ、やっぱりそうなんだ。5万円を1週間借りて300円の利息ならたいしたことないよな。まさにコーヒー1杯分を我慢すればいいってことだもんな。

田中 まあ、そうなるな。

鈴木 だったら消費者金融から百万円借りて、5年（60カ月）の元利均等返済でクルマを買っちゃおうかな。

ちょうど2人の隣で、その話を聞いていた御隠居さんが、話に加わってきました。

御隠居 なんですと？ そんなことはおやめなさい！

鈴木 どうしてやめた方がいいんですか？

御隠居 それはじゃな、その消費者金融から年利約30％で百万円を借りて、毎月同額の元利均等返済で返済すると、毎月3万2353円の返済になるんですぞ。

鈴木 一気にそんな額になっちゃうんですか？

田中 毎月3万2353円を、これから60回も返済していくんですぞ。

御隠居 毎月3万2353円を60回だと、総額194万1180円になるな。

鈴木 え〜、そんなに高額になるのか！

御隠居 そうじゃよ。約94万円も利息として上乗せされることになるんじゃ。これは大変ですぞ。ほぼ最初の元金と同じ金額が利息分になるんですからな。

鈴木 確かにそうですね。借りたお金の倍額を返さなければならないなんて、とんでもないですよ。消費者金融、恐るべしだな。

御隠居 そうじゃな。コツコツ毎月3万円ずつ貯金していった方がよっぽどいいぞ！ですぞ。そうすれば60カ月後には180万円になるんだもんな。

鈴木 うんうん。そうすれば60カ月後には180万円になるんだもんな。

御隠居 その通りじゃよ。世の中、何事もコツコツやっていくことが大切なんじゃ。一気に良い目を見ようとすればするほど、あとが怖いでな。ワッハハハハ！

毎月の返済額は等比数列の和でわかる

 私が消費者金融から年利約30%で百万円を借りて、毎月同額の元利均等返済で返済するときの毎月の返済額を出した方法は、等比数列の和の公式の応用じゃ。
 等比数列とは、2、4、8、16、32……というように、前の数に同じ数(この場合は2)を掛けていった数列のことをいうんじゃ。このとき掛けていく同じ数のことを公比という。
 さて、この等比数列の和の公式をもとに出したのが、下に書いたnカ月で完済の元利均等返済法における毎月の返済額dを求める公式じゃ。

$$d = \frac{r^n a(r-1)}{r^n - 1}$$

 ここへあてはまる数値を入れて計算すればいいんじゃ。aは借入額、r－1は月利。
 今回の例の場合は、借金額 a＝1000000
 r＝1＋0.3÷12＝1.025を代入するんじゃよ。n＝60じゃな。

【参考】
新体系・高校数学の教科書－上(講談社ブルーバックス)(P245)

28 逃げるネコは空からグッドバイ

ここは高層ビルの屋上にあるカフェテラスです。昼食後のコーヒーを飲もうと、サラリーマンやOLでにぎわっています。このビルに入っている会社の課長と御隠居さんが、同じテーブルでコーヒーを飲みながら話をしています。

御隠居 たまにはこういう場所でコーヒーをいただくのも気持ちがいいもんですな。
課長 そうでしょう。ここは眺めの良いことだけが取り柄ですからね。
御隠居 このビルは何階建てでしたかのぉ？
課長 50階建てです。でも、このビルのオフィスに勤めだしてから何度か大きな地震にあっているので、内心いつも大丈夫かとビクビクしていますよ。
御隠居 ワッハハハ！ なるほど、そうでしょうな。

そこへ課長の注文したソーセージが届きました。すると突然、どこからともなくネコが現れ、そのソーセージをくわえるやいなや逃げ出しました。

課長 あ〜〜っ!! おい、こら! ネコ! 俺のソーセージを返せ!

するとネコはフェンスをうまい具合に乗り越えて、ソーセージをくわえたまま向こう側へ飛び降りてしまいました。フェンスの向こう側には、ネコの着地するようなスペースは何もありません。課長と御隠居さんは思わず席を立って、ネコの飛び降りた場所へ向かいました。

課長　御隠居、ネコのやつ飛び降りちゃいましたよ！

御隠居　そうじゃの。あっという間に飛び降りましたな。なんと勇気のあるネコじゃ。

課長　こんな高いところから飛び降りたら、ネコのやつ即死でしょうね。

御隠居　いや、そうとも限らないですぞ。下を見てみなさい。

　課長が下を見るとクルマの間を縫うように走り去って行くネコの姿が見えました。

御隠居　ネコのやつ、生きてますよ！　信じられないなあ。

課長　地上250mから物体を落下させると、地面に到達するときの秒速は70mにもなる。時速にすると252kmと新幹線なみの速度で地上にぶつかるということに計算上はなるのだが、これは空気抵抗のない場合での話での。ネコは空気抵抗をうまく利用し落下速度が一定以上にならないようにすることで、自分の着地するときの体勢を整えるため無事に着地することができるんじゃよ。ネコは上手に空気抵抗を利用する高等動物なんじゃな。

ワッハハハハ！

落下速度と空気抵抗の不思議

こんなことが本当にあるのかって？　それがあるんじゃな。

アメリカでのことじゃが、1994年にビルの50階から落ちたネコが助かっておる。また、1998年には竜巻に巻き込まれ上空に舞い上がったネコが、6km先で無事に見つかっておるんじゃな。

物理で習った方もおると思うが、物体が落下したときの速度及び落下距離は次の公式で表すことができる。

落下距離(m)＝1/2×9.8(重力加速度)×時間(秒)
　　　　　×時間(秒)
t秒後の速さ(秒速)＝9.8(重力加速度)×時間(秒)

これらの式より、空気抵抗を無視した場合、50階建てのビルの高さを250mとすると、地面に到達するときの秒速は約70m。すなわち時速252km。新幹線なみの速さで地面にぶつかることになるんじゃが、空気抵抗を利用する猫には無関係なのじゃ。

250(m)＝1/2×9.8×時間×時間
から　時間＝約7.14秒
7.14秒後の速さ＝9.8×7.14＝秒速約70m

【参考】数学で遊ぼう（岩波ジュニア書店）（P154）

29 この駐車場ならクルマの移動はいかようにもできます

御隠居さんが、ある駐車場の横を通りかかると、突然、男が話しかけてきました。

課長　御隠居、いいところでお会いできました！
御隠居　おや、この前のネコのときの？
課長　はい、あのときはびっくりしましたね。
御隠居　ワッハハハ！　そうでしたな。今日は、またどうなされた？
課長　実は、うちの社長から頼まれたんですが、この駐車場にあるクルマを社長の指示通りに移動したいんですが、本当にできるのかどうかもわからなくて。
御隠居　それで、どのように移動すればいいんじゃな？
課長　この駐車場の図を見てください。スペースの関係で変な形になっていますが。
御隠居　なるほど。妙な形の駐車場ですな。

課長 この図の上段にあるクルマと、同じ位置にある下段のクルマを、うまく利用して、途中にある4台分のスペースをうまく利用して、全て入れ換えろというのです。

御隠居 ようするに、1番と9番、2番と10番、3番と11番というようにクルマを入れ換えろというわけじゃな？

課長 はい。こんなこと、本当にできるんですかね？ いつも直感的な思い付きだけで指示する社長なので、確実にできるかどうか確かめたくて。本当にできないことがわかれば、社長に伝えますので。

御隠居 いや、本当にできるぞ！

課長 本当ですか？

御隠居 あみだくじと同じじゃな。

課長　あみだくじ？

御隠居　そうじゃ。あみだくじは、どのようにも仕組むこともできる。たとえば、隣どうしの縦棒の間に横線をひくことによって行き先を入れ換えることができるじゃろ。

課長　そういえば、確かにあみだくじはそうですね。

御隠居　この駐車場もあみだくじの性質を用いて、うまく空いているスペースを利用しながら、他の車は結果として同じ位置に戻して、順番に隣の番号どうしのクルマを入れ換えられれば、全て社長の指示通りに入れ換えられるということじゃ。

課長　隣どうしのクルマを入れ換えるんですね？

御隠居　まず3番と4番のクルマを入れ換えることはできるじゃろ。同様に2番と3番、1番と2番、4番と5番などの2台もそれぞれ入れ換えができる。さらに下段でも同様に隣どうし2台をそれぞれ入れ換えできるんじゃよ。あと7番と8番もな。そうしていけば、上下のクルマを入れ換えることが可能なんじゃ。

課長　良かった！　その方法で本当にできるんですね？

御隠居　できるよ。ただし、そうとう時間がかかりますぞ。

課長　可能だとわかれば多少時間がかかっても気になりませんよ。

第3章 目の前の問題を解決するヒントは数学的発想から

あみだくじの性質の応用

まず、1番と2番のクルマを入れ換えることを示そう。7と3と4を下の空白に下から詰めて入れる。次に2を最初に7があった場所の真下の場所に移す。次に1を最初に4があった場所に移す。そして2を最初に1があった場所に。1を最初2があった場所に。最後に4と3と7を元に戻す。そうすると1番と2番のクルマを入れ換えることができたのじゃよ。

同じようにして2番と3番、3番と4番というように、それぞれ2台だけの入れ換えができるのじゃ。これは、下図のあみだくじの原形に横線をどこにも入れられることを言っておるのじゃ。

そうしていくことで、上下段のクルマを社長の指示通りにも移動できるというわけじゃな。

これは、あみだくじの性質を応用しておるんじゃよ(**本書20ページ参照**)

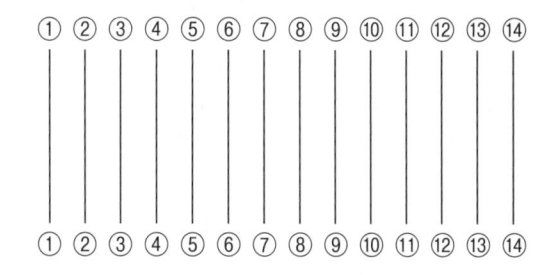

① ② ③ ④ ⑤ ⑥ ⑦ ⑧ ⑨ ⑩ ⑪ ⑫ ⑬ ⑭
│ │ │ │ │ │ │ │ │ │ │ │ │ │
│ │ │ │ │ │ │ │ │ │ │ │ │ │
① ② ③ ④ ⑤ ⑥ ⑦ ⑧ ⑨ ⑩ ⑪ ⑫ ⑬ ⑭

【参考】いかにして問題をとくか 実践活用編（丸善出版）（P 159）

少年サッカー10チームの総当たり戦

天気の良い日曜日。御隠居さんは近くのスポーツセンターを散歩しています。このスポーツセンターには、いくつものグラウンドがあり、あちこちで野球やサッカーの試合が行われています。ちょうどサッカー場では10チームの代表が集まって話し合いをしています。

御隠居　どうしましたかな？
監督　AからJまでの10チームの総当たり戦をしようとしているんですが、その組み合わせをどうしようかと相談していたところです。
御隠居　1日何試合ずつ行う予定かな？
監督　10チームの総当たり戦は全部で45試合なので、それを1日5試合ずつ、のべ9日間で実施しようと思っています。もちろんどのチームも1日に1試合しかできません。どうすればいいんでしょうか？

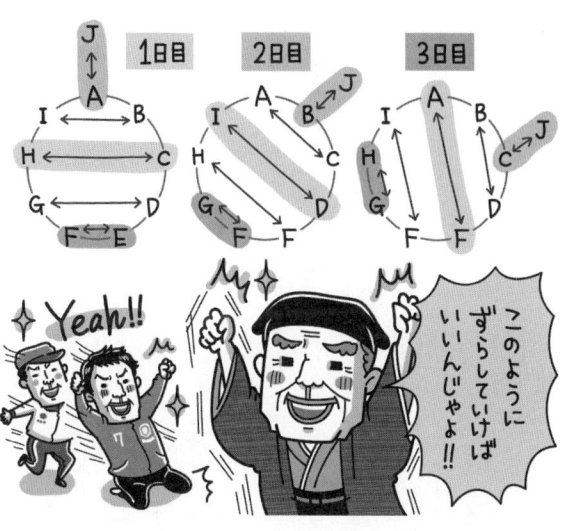

御隠居 ワッハハハ！ それならいい方法がありますぞ。

監督 ぜひ、教えてもらえませんか？

御隠居 何か紙と書くものはありますかな？

監督 これを使ってください。

　御隠居さんは、監督から渡された紙に、何やらリンゴのような絵を書き始めました。丸の周りにAからIまでのチームがあり、Jだけはリンゴの枝のようにAの上に線で結ばれています。最後にリンゴを輪切りにするように左右のチームを順番に線で結びました。

御隠居 この図を見てごらんなさい。第1日目はこの組み合わせで試合をすればいいんじゃよ。

監督 なるほど、そういうふうになってるんですね。

御隠居 2日目はJの位置をずらしてBと結び、他は1日目と同じように左右のチームを順番に結んでいけば良い。同様に3日目はJをCと、4日目はJをDと、5日目はJをEと、というぐあいにずらしていき、あとは同じように左右のチームを順番に結べばいいのじゃ。

監督 ほう〜、なるほど、これは便利だ！

御隠居 この考え方は、チーム数が偶数なら同じようにできますぞ。

監督 ありがとうございました。大変便利な方法を教えていただき助かりました。今後も試合を組むときには大いに利用させてもらいます。

御隠居 ちなみに、高校野球のようなトーナメント戦の場合の全試合数は、一試合ごとに1チームが去っていき最後に1チームのみが残ることからわかるように、（チーム数−1）になるんじゃ。10チームが参加するトーナメント戦の全試合数は9試合ということじゃな。

監督 はい。わかりました。

第3章　目の前の問題を解決するヒントは数学的発想から

公式を使うより 指折り数えるに限る

　AからJまで10チームで総当たり戦をするとき、全部で試合数は45。これを今の大学生に求めさせようとすると、順列Pや組み合わせCだの、公式を使わないと答えが出せないと思っておる者がやたらに多いのじゃ。イチ、ニー、サン…と指折り数える根本を忘れて公式病にかかっておる。

　更に、その公式を思い出すときに間違えて、とんでもない答えを平然と書く者がなんと多いことか。

　いいですか、皆さん。樹形図（本書P113、P115参照）などの素朴なものを用いて、イチ、ニー、サン…と数えることを忘れてはなりませぬぞ。

　公式など何も知らなくても簡単な計算で試合数を導き出すことができるのじゃ。

　AからJまでの10チームでの総当たり試合数も、どのチームも９つのチームと対戦があり、９×10という計算ではA対BとB対Aを別々に計算しておるから、90を２で割って答の45が出るのじゃよ。

【参考】ふしぎな数のおはなし（数研出版）（P176）
　　　　算数・数学が得意になる本（講談社現代新書）（P162）

31 五感は鈍い

クリスマスも近づいた師走のある日のこと。御隠居さんがショッピングセンター内のフードコートに立ち寄ると、母親が幼稚園児くらいの男の子を大きな声で叱っています。

母親 どうして、いつもお母さんの言うこと聞かないの！ そんな食べ方したら、みんなこぼれちゃうでしょう！

母親に叱られ泣きべそをかいている男の子を見て御隠居さんは思わず声をかけました。

御隠居 そこの方、随分大声で怒っておられるな。

母親 すいません。この子がぜんぜん言うことを聞いてくれなくて。つい大声を出してしまいました。

御隠居　小さなお子さんが、なかなか言うことを聞いてくれないのは当たり前のこと。お母さんの思い通りにならないと言って、いつも大声を出していたら、きれいな声が台無しですぞ。

母親　そんな、きれいな声だなんて。

御隠居　特に今日のような師走の寒いときに、大声を出してエネルギーを消耗するのは喉を傷める原因にもなり、その上、風邪でもひかれては損ですぞ。

母親　確かにそうですね。

御隠居　音の強さはデシベルという単位で表すのを知っておられますかな？

母親　はい。聞いたことがあります。

御隠居　普通の会話をしているときの音の

強さがだいたい60デシベル、電車が通るときのガード下で100デシベル、ジェット機の騒音が120デシベル位なんじゃが。

母親 普通の会話よりジェット機の騒音の方が2倍しか大きくないんですか？

御隠居 お母さん、良いところに気がつきましたな。実は音の強さのデシベルが20大きくなるには100倍、60大きくなるには100万倍のエネルギーが必要になるんじゃ。

母親 そうなんですか。

御隠居 もっと言うとな、2倍のエネルギーで音を出しても、3デシベルしか音の強さが増えないんじゃよ。ようするに、普通の会話の2倍のエネルギーで大声を出しても63デシベルにしかならないということじゃな。

だから大きな声を出して怒ると、エネルギーを消費して疲れるだけというわけはそこにあるのですぞ。また、こうした聴覚など人間の感覚は、刺激が大きくなるほど鈍感になっていくことがわかっておる。これをウェーバー・フェヒナーの法則と言うんじゃがな。

138

第3章 目の前の問題を解決するヒントは数学的発想から

ウェーバー・フェヒナーの法則と対数log

ウェーバー・フェフナーの法則とは、「五感に与えられた刺激の変化は、その対数の変化で感じる」と理解されているものじゃよ。

音の強さに関してはエネルギーが n 倍になると $10\log_{10}n$（デシベル）増加するんじゃ。

かつては対数について、日本の高校生は数学Ⅰで全員学んでいたが、昭和50年代後半からは高校二年生の選択科目になり、現在ではごく一部の高校生しか学ばなくなってしまったのじゃ。

悲しい笑い話だが、あちこちの大学で「logを知っていますか？」と授業中に教員が尋ねると、ほんのわずかな学生さんだけが手を挙げて「丸太の意味ですね」と答えるそうじゃ。

発展が目覚しいインドでは、日本の中学三年に相当する学年で、毎年1000万人もの生徒さんが全員必修で対数を学んでいるそうじゃ。憂えるのう。

【参考】子どもが算数・数学好きになる秘訣（日本評論社）（P 89）

32 誕生日当てクイズで困る瞬間

飲み屋のカウンターで一杯やっている御隠居さんに、男が話しかけてきました。

課長　こんばんは。御隠居さん。この前は、ありがとうございました。
御隠居　おお、あんたか。サッカー大会の件はうまくいきましたかな？
課長　おかげさまで、万事うまくいきました。これも、御隠居さんのおかげですよ。
御隠居　それは何よりじゃ。
課長　そういえば御隠居さんは、算数や数学の出前授業もなさっているとか？
御隠居　そうじゃ。いつも子どもたちに喜ばれておるよ。
課長　この前、息子に聞いたんですが、誕生日当てクイズが、とってもおもしろかったと言ってました。
御隠居　おお、そうか。それはありがとう。そう言ってくれると私もうれしいよ。

```
男が実施した誕生日の計算
(12月25日の場合)

生まれた日にちを10倍する
　→25×10＝250
その結果に生まれた月の数足す
　→250＋12＝262
その結果を2倍する
　→262×2＝524
その結果に月の数を足す
　→524＋12＝536
```

課長 それは、どういうものなんですか？

御隠居 では、実際にやって、あなたの誕生日を当ててみましょう。

課長 ぜひ、お願いします。

御隠居 では、生まれた日にちを10倍してください。

課長 はい、しました。

御隠居 その結果に生まれた月の数を足してください。次に、その結果を2倍してください。最後に、その結果に月の数を足すといくつになりますかな？

課長 536です。

御隠居 おお、実にめでたい誕生日ですな。あなたの誕生日は12月25日のクリスマスですな？

課長 正解です! すごいですね。これなら、子どもたちが喜ぶのもわかります。でも、うちの息子みたいなデキの悪い連中を前にした出前授業だと、困ることもあるでしょう?

御隠居 そうよのう。そういえば、この誕生日当てクイズで困ることもあるますな。

課長 それはどのようなことですか?

御隠居 それはなあ、実は回答者に計算間違いをされるときなんじゃよ。

課長 ああ、なるほど。せっかく計算してもらっても、その結果が間違いだと誕生日を当てることができませんからね。

御隠居 そうなんじゃよ。間違いだとわかった瞬間は、心が痛みますのう。相手の方を傷つけないように、計算間違えを教えるということは決して簡単ではありませんぞ。

課長 そうでしょうね。そうだ、御隠居さん。これから誕生日当てクイズをするときには、電卓を持っていって、電卓に打ち込んで計算してもらえば間違いがなくなりますよ。

御隠居 おお、それはいい考えじゃが、本当は間違いを正すことが勉強になるんじゃ。それに「3たす2かける4」というのを電卓でやってごらんなされ。もしかして20が出てきませんか。正解は、11ですぞ。式を書けば分かるものじゃがな。

ご隠居さんの謎解き

どうして誕生日がわかったのかといえば以下のとおりじゃ！

月をx、日をyとすると、
$(y \times 10 + x) \times 2 + x = 3x + 20y$
になるじゃろ。

そこで計算した数を20で割るんじゃ。すると、先の例では

$536 \div 20 = 26 \cdots 16$　となる。

そして、余りを以下の表で月に換算するんじゃな。すると、12月だとわかる。

余り	3	6	9	12	15	18	1	4	7
	10	13	16						
月	1	2	3	4	5	6	7	8	9
	10	11	12						

あとは、月×3＋日×20＝536なので、月×3をした結果を引いて、それを20で割れば日にちがわかるというわけじゃ。

$12 \times 3 = 36$　$536 - 36 = 500$　$500 \div 20 = 25$で25日。

随分、面倒な計算だって？　わっははは。私はもう何度もこの誕生日当てをやっておるから表も頭の中に入っておるし、計算にも慣れておるから、すぐにできるんじゃよ。

【参考】数学で遊ぼう（岩波ジュニア書店）（P5）

携帯電話の電磁波を気にする人へ

御隠居さんが公園を散歩しているときのことです。5～6歳くらいの男の子がブランコの近くで泣いています。

御隠居 どうしたんじゃ？
男の子 パパとはぐれちゃったの。
御隠居 それは困ったのう。

周囲を見回しても父親らしき姿は見当たりません。しかし、男の子が肩から下げているカバンに、男の子の名前と住所、電話番号が書かれていました。

御隠居 おう、これで大丈夫じゃな。

御隠居さんは近くにいた若い女性に声をかけました。

御隠居 そこのお嬢さん、携帯電話で、この男の子の父親に電話をしてくれんかの？

若い女 えっ、私ですか？ でも、あまり携帯使いたくないのよね。

御隠居 どうしてじゃな？

若い女 実は私、携帯電話の電磁波が怖いんです。

御隠居 なるほど。確かに物事は用心するにこしたことはありませんな。でも、今はこの子の父親に連絡をすることが先決じゃ。私がかけるから携帯を貸してくだされ。

御隠居さんが男の子の父親と連絡を取ったことで、すぐに父親が迎えに来ました。

御隠居 お嬢さん、携帯をありがとう。でも、そんなに電磁波を怖がっていたら、携帯を持っている意味がないじゃろう？

若い女 私、メールしか使ってないので大丈夫です。

御隠居 そうか。でもちょっとお聞きなさい。携帯電話から出る電磁波の強さは距離の2乗に反比例しているんじゃ。ようするに少しだけ携帯を離しただけでも電磁波の影響はぐっと下がるということじゃよ。だから少し携帯を離して会話をすれば大丈夫なんじゃ。

若い女 そうなんだ。だったらイヤホンマイクを接続して使用すればいいのね。

御隠居 そうじゃな。そういう便利なものがあるなら、それを利用すれば良い。せっかく、いつでも、どこでも電話ができるのじゃから、多いに利用しないとのう。

若い女 そういうおじいさんは携帯、持ってないの？

御隠居 ワッハハハハ！ 痛いところをつかれたな。私は逆に、いつでも、どこでも電話がかかってくるような生活は苦手での。電話を利用するのは家だけで十分じゃよ。

第3章 目の前の問題を解決するヒントは数学的発想から

距離の2乗に反比例

電磁波の強さは距離の2乗に反比例しておる。

たとえば、1m離れた場所で受ける電磁波の強さに比べ、10m離れた場所で受ける電磁波の強さは1/10ではなく、1/100になるということじゃ。携帯電話を2倍遠ざければ、電磁波の強さは1/4になるということじゃな。

ちなみに耳もとの携帯電話から出ている電磁波は、テレビだと約20cm、ドライヤーや電気カミソリだと約10cm、電子レンジでは1mほど離れて、ほぼ同じ強さになるそうじゃ。

他にも、距離の2乗に反比例しているものの代表として万有引力があるのを知っておったかな?

近頃の大学生はゆとり教育のお陰で、万有引力を知らない者もおるのじゃ。数学の教員を目指す大学生に「万有引力は距離の2乗に比例、距離に比例、距離に反比例、距離の2乗に反比例のどれか?」と尋ねると「距離の2乗に比例」と平然と答える者すらおる。

これでは、宇宙から帰還するロケットが地球に近づくと逆に地球の引力が弱くなって戻れなくなってしまうのじゃがの。憂えるのう。

【参考】新体系・高校数学の教科書－下（講談社ブルーバックス）
（P59）

34 九九は半分覚えるが良い

御隠居さんが市立図書館の閲覧室で雑誌を読んでいると、何やら教育ママの怒った声がします。どうやら九九ができないことで、子どもに小言を言っているようです。

ママ　八九は？　九六は何？
子ども　僕、まだ7の段までしか言えないよ。
ママ　お友だちのマサシ君は、もう九九を全部覚えたって言ってたわよ。
子ども　僕、そんなにたくさんすぐに覚えられないもん。
ママ　仕方ないわねえ。毎日、何度も繰り返していれば、自然に覚えるわよ。
御隠居　ちょっといいですか、お母さん。九九は、そんなに覚えなくていいんですぞ。
ママ　えっ？　でも九九は全部覚えないと速く計算できないでしょう？
御隠居　私の話を聞いてください。お母さん。足し算の2＋5は5＋2で交換可能ですな。

掛け算も8×9は9×8で交換可能ですな。しかし引き算は5−2と2−5では結果が違って交換はできません。割り算も8÷2と2÷8では結果が違って交換できません。

このように、足し算と掛け算は交換できて、引き算と割り算は交換できないんじゃよ。

ママ そんなこと知ってますよ。それがどうしたんですか？

御隠居 九九は今、少しでも早く覚えさせた方がいい、速く計算できた方がいいと奇妙なドリル等で全部覚えさせることばかりに力を入れてるんじゃ。でも、それは教育というものを考えるとマイナスなんですぞ。

ママ 九九を早く覚えたり、計算が速くできるようになることが、どうして教育にと

御隠居 江戸時代にたいへん広く使われた数学の教科書に塵劫記というものがあってな。その塵劫記の九九の表を見ると、半分しか載ってないんじゃ。半分といっても五五や七七など同じ数字を掛けるところまでは載っておる。だが、九六とか九八とかのように最初の方が大きい数のものは載ってないのじゃ。

ママ どうしてですか？

御隠居 それは江戸時代から算数の教育を真剣に考えていたからじゃよ。いいですかな。九九は半分覚えて、掛け算は交換できるということを身をもってお子さんに理解させてごらんなさい。

ママ そういうことなんですね。

御隠居 ボク、いいかい。九九は半分だけ覚えればいいんじゃよ。

子ども じゃあ、僕、もうこれ以上、覚えなくてもいいの？

御隠居 7の段まで覚えたのなら。あとは八八、八九、九九の3つを覚えるだけじゃ。

子ども えっ、それだけでいいの。なら今日のうちに覚えちゃうよ！

第3章 目の前の問題を解決するヒントは数学的発想から

塵劫記は江戸時代の数学入門書

　塵劫記とは中国の数学書を参考にして、江戸時代初期の和算家、吉田光由が執筆し、1627年に出版された数学の教科書じゃ。
　塵劫とは仏教用語で計り知れないほどの長い年月のことを指すらしいのう。長い年月が経過しても変わらない真理を述べた書物であるという意味を込めているのじゃな。
　九九以外でも、この塵劫記の最初には、こんなことも書いてあるんじゃ。
　たとえば、「九分九厘成功する」とか「五分五分」とか言うじゃろ？　この言葉を聞いてなんか変だと思ったことはないかな？　九分九厘＝0.099？　＝9.9％？　五分五分＝5％5％？　というように。だが、これは塵劫記を見れば、どうしてそのような言い方をするのかがすぐにわかるんじゃ。塵劫記には10分の1のことを「分」と書いてある。100分の1のことを「厘」と書いてあるんじゃ。
　今は10分の1を「割」、100分の1を「分」と言うので、混乱するんじゃよ。
　ようするに「割」という概念は、江戸時代にはなかったんじゃゃ。「割」という概念は、その後、明治大正の時代に割り込んできた概念なんじゃよ。だから五分五分というのは5割5割、九分九厘成功するというのは、9割9分成功するという意味なんじゃ。

【参考】ぼくも算数が苦手だった（講談社現代新書）（P15）

35 「または」の用法

御隠居さんが公園のベンチに座っていると、隣のベンチに座っている2人の女子学生の会話が聞こえてきました。

ミホ メグミちゃん、今度の日曜日、私と一緒にお買い物に行かない？
メグミ ごめん。その日は、一郎君または勇一君とデートする予定なの。どちらも私のミツグ君なのよね～。
ミホ そうなんだ～。うらやましいなあ。でも一日中デートなの？　もし、昼にデートなら夜、夜にデートなら昼に、一緒にお買い物に行けないかな？
メグミ ミホちゃんに本当のことを言うけど、実は昼に一郎君、夜に勇一君とデートするのよ。
ミホ えっへ～。
ミホ なにそれ！　「一郎君または勇一君とデート」ってメグミちゃん言ったでしょ。両

オレ様系スポーツマン勇一くん　　草食系インテリー郎くん

またば？かっ？

えらべなーーい♡

方とデートだったら「一郎君かつ勇一君とデート」って言って欲しかったわ。

メグミ　ごめんね。私、ミホちゃんに「ずるい」って思われたくなかったのよ。

御隠居　ちょっといいですかな。

そこで御隠居さんが2人に話しかけました。突然、話しかけられた2人は、いったいこのおじいさんは何？　という顔をして、御隠居さんの方を見ています。

御隠居　たとえばじゃ、「今日の昼ご飯はラーメンまたはカレーにしよう」と言うときには、両方食べることは想定しないものじゃ。

メグミ　そうでしょうね。

御隠居　第一、両方食べたらメタボになりますな。

メグミ　私、そんなに食べませんよ～。

御隠居　そうじゃろうな。さて、メグミさんが言っていたことは、数学や論理としては間違いではありませんぞ。

ミホ　そうなの？

御隠居　数学では、たとえば「整数nは2または3の倍数」というときは、nが両方を満たす6の倍数でも正しいのじゃよ。また「nが2の倍数かつ3の倍数」というときは、もちろんnが6の倍数ということなのじゃ。

　　でも、さっき言った昼ご飯の例のように、日常では「または」を使用するときは、両方を満たすことには使わない場合が普通がよくあるのじゃ。

ミホ　やっぱり、そうでしょ～。

御隠居　まあ、そういうわけでメグミさん、あなたの発言は数学や論理としては間違いではありませんが、一郎君と勇一君の両方とデートするというのは、モラルとしては問題ですぞ。今後は改めた方がいいですなあ。ワッハハハハ！

第3章 目の前の問題を解決するヒントは数学的発想から

数学における命題とは

　数学における命題とは、正しいか(成り立つか)、間違い(成り立たないか)であることが定まっている文や式のことを指すんじゃよ。
　たとえば「1次方程式x＋3＝5の解はx＝2である」は命題じゃ。
　命題が正しいとき「その命題は真である」と言い、命題が間違っているときは「その命題は偽である」と言う。
　pとqの2つの命題があり、pとqの両方が真であるとき、命題「pかつqは真である」と言うのじゃ。
　また、pとqの2つの命題があり、pとqの少なくともどちらかが真であるとき、命題「pまたはqは真である」と言うのじゃよ。
　さて、ここで一つ質問じゃ。「5≧3」と「5≧5」の真偽はどう思うかのう？
　「5≧3」は正しくて「5≧5」は間違いかの？
　実は「5≧3」と「5≧5」の両方とも正しいのじゃ。
　その理由は、「m≧n」は「m＞n」または「m＝n」の意味だからじゃ。
　就活などの準備として覚えておくといいですぞ。ワッハッハッハ！

【参考】
新体系・高校数学の教科書－上（講談社ブルーバックス）（P 90）
就活の算数（セブン&アイ出版）（P 185）

36 このゲームどちらが得か？

御隠居さんが飲み屋のカウンターで一杯やっていると、男が話しかけてきました。

男 御隠居、ちょっと相談にのっていただけませんか？
御隠居 いいですよ。どうしたんじゃ？
男 先日、じゃんけんのグーとパーだけを出すゲームをやったんです。グーとパーは自由に自分の意志で出すことができます。
御隠居 ふむ、それで？
男 仮にゲームをする2人をAとBとすると、グーとパーの出し方によって、このような得点になるんです。

男は紙に書いた得点表を御隠居に見せた。（P157・上図参照）

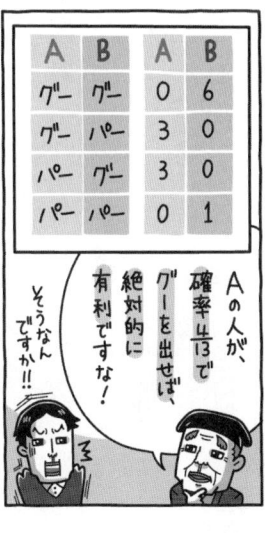

	A	B	A	B
	グー	グー	0	6
	グー	パー	3	0
	パー	グー	3	0
	パー	パー	0	1

御隠居 ほう〜、これはおもしろそうなゲームじゃの。

男 それで私がBの役で繰り返しゲームをした結果、最後に負けてしまったんです。Bの方が有利だと言われてやったんですがね。それで本当にBの方が有利なのか、御隠居にお聞きしたかったんですよ。

御隠居 Bは6点と1点があって合計7点、Aは3点と3点で6点しか合計がない。これを見た限りでは確かにBの方が有利に見えるのう。

男 そうなんです。私も相手にそう言われてBの方が有利だと思ってやったんです。でも結局、最後は負けてしまいました。

御隠居　はっは〜、わかりましたぞ！
男　えっ？　何がわかったんですか？
御隠居　もしかして、その相手の方は自分の手を出す前に何かしていませんでしたか？
男　はい、トランプを引いて私に隠すように見ていました。不審に思って男に聞いてみると、出す手をトランプで占っているんだと言ってました。
御隠居　ほう〜、やっぱりのう。
男　それがどうかしたんですか？
御隠居　はっは〜、あなたはうまくはめられましたね。
男　やはりそうなんですね。
御隠居　これはＡの側にたった人が、確率13分の4でグーを出すことを続けると、絶対的にＡが有利のゲームなんじゃよ。たとえば、事前にトランプを引いて、ＡＫＱＪのどれかが出たときはグーを出す。それ以外のときはパーを出すことを繰り返すことで、Ａが絶対的に有利なゲームになるんじゃ。
男　そうだったんですね。次に、同じゲームをするときにはどうすればいいんでしょう？
御隠居　あなたがＡの役になって、同じことをすれば良いのじゃよ。ワッハハハハ！

第3章 目の前の問題を解決するヒントは数学的発想から

ゲーム理論で考える グーとパーのゲーム

「勝負に勝つためにはどうすればいいのか？」

これは誰しも考えることじゃな。

偶然が支配しているサイコロやルーレットなどは単純な確率の世界じゃが、このグーとパーを出すゲームは、人間の意志が関係している。このようなゲームを有利にすることを目的に、単純な確率より3世紀遅れて研究されてきたのがゲーム理論なのじゃ。現在、ゲーム理論は数学だけでなくビジネスなど経済学や経営学、政治や心理学などさまざまな分野で応用されておる。

このグーとパーを出すゲームに関してそのへんを説明すると次のようになる。

Aがグーを出した場合、Bもグーだとbに6点入るので、Aはあまりグーを出したがらないじゃろ。

しかし、Aがパーばかり出していると、Bもパーを出して1点取られてしまう。だからAは適当にパーを多めに出すものの、グーもたまには出さないと、見破られて不利になるわけじゃ。

そこでこのゲームはAの側にたった人が、ほぼ確率13分の4でグーを出すことを続けると絶対的にAが有利になるんじゃ。どうしてそうなるかは、計算で説明できるのだが、長くなるので今ここでは省略するしかないのう。

【参考】
新体系・高校数学の教科書－上（講談社ブルーバックス）（P189）

第4章

√ 社会を数学で考えれば、
未来が見えてくる

ひとつ上をいくための数学力

37 トイチで貸しましょうか?

1人の男が繁華街を歩いています。通称、世直しのヨシさん。ある時は先生、またある時は社会問題を鋭く指摘する評論家。まさに神出鬼没。その実態は謎のおじさんです。
そのヨシさんが裏道を通りかかると、うなだれた若者がヤミ金の店に入って行くのを見かけました。

若者 すいません。お金貸してください。

店の男 あんたはもうマチ金では借りられなかったはずだな。

若者 はい、そうです。でも、どうしてもお金が必要なんです。

店の男 しょうもない。バカラなどのギャンブルか? それともアレかね? まあ、いずれにしろ、少しだけなら貸したるわ。

若者 あ、ありがとうございます!

たった1円でも
トイチで借りると…

よく聞きなさい

10年後には
1000兆円を
超えるんですぞ!!

どーん!!

そーなの!?

店の男 トイチで貸したる。本当は10日に3割の複利がかかるトサンで貸したいがな。特別にあんたには、優遇金利のトイチにしといてやるわ。10日で1割の複利だ。それでいくら必要なんだ?

若者 10万円です。

そこへふらっとヨシさんが現れました。

ヨシさん ちょっとお待ちなさい。亡霊のような青い顔をした若者が店に入るのを見かけましてね。思わずおじゃましたというわけです。

店の男 誰だ! テメー!

ヨシさん 世直しのヨシと申します。そち

店の男 俺は世悪さのワルっていうだよ。お前とは正反対だな。なんだか知らねえが、俺らはどなたですか？

ヨシさん そうはいきませんな。トイチで貸すと言ってましたが、トイチはたった20日間で利息が借りたお金の21％になるんですぞ。これは法律で定められた1年あたりの利率と同じです。

若者 それでも貸してくれるなら、僕はかまいません。

ヨシさん まだわかっていないようですな。たとえば、たった1円でもトイチで借りるとどうなると思いますか？ 10年後には1円の借り入れ金が、元利合計でなんと1000兆円を超えた金額になるんですぞ！

若者 1円が10年で1000兆円以上の借金になるんですか？ 俺も知らなかったよ。こりゃあ、たまげたぜ〜〜。

店の男 へえ〜〜、そんなにすごいことになるのか。俺も知らなかったよ。こりゃあ、たまげたぜ〜〜。

ヨシさん そうです。だからそんな借金はおよしなさいと言っているんです。

第4章 社会を数学で考えれば、未来が見えてくる

違法なヤミ金融の利回り

トイチとは10日間ごとに1割の利子が複利でかかってくるというものです。

たとえば1万円を借りると10日後には11000円が元利合計(借りた金額＋利息)になります。また10日後は、さらにその1.1倍になるので12100円が元利合計になります。さらに10日後には、またその1.1倍で13310円が元利合計になるということです。このようにトイチの複利で借りると10日ごとに1.1倍ずつ借金残高が増加していくのです。

1円を10年間、トイチで借りた場合も同じです。

1年を365日とすると、10年で3650日。10日ごとでは365回、ようするに1円に1.1を365回掛けた金額になります。

これでたった1円でも、10年間借りると1000兆円を超えてしまうという理由がおわかりになることでしょう。

若者が借りようとしていた10万円も1年間で300万円を超えたものになります。

このようにトイチで借りると、その利率は1年間でも軽く3000%を超えた途方もないものになってしまいます。

掛け算は繰り返すと怖い結果になるのです。

【参考】
新体系・高校数学の教科書－上（講談社ブルーバックス）（P 220）

38 打率4割の壁は厚いです

草野球を観戦しながら田中さんと鈴木さんが話をしています。

田中 イチローもいいところまでは行くんだけど、なかなか4割には届かないね。

鈴木 そうだね。

田中 たとえば3割6分を打つ力のある打者が、シーズン通してなかなか4割打者になれないのはどうしてだろうね？

鈴木 いや、あれはやっぱり4割という精神的な壁が厚いんじゃないか？ 3割6分から4割というのは、たった4分の差しかないけど、その4分がどうしても超えられないのは、何か精神的な重圧みたいなものがあって、4割という意識が過剰になるがゆえに超えられないんだと俺は思うね。

突然、2人の近くにいたヨシさんが、話に加わってきました。

ヨシさん ちょっとよろしいですか？
田中 はい。なんでしょう？
ヨシさん お二人のお話が耳に入ったもので、おじゃまかもしれませんが、私もその話に加わってもよろしいですか？
鈴木 いいですとも。あなたはどう思われます？
ヨシさん 打率3割6分の打者が1シーズン530打席に立ったとして、その4割、すなわち212本以上ヒットを打つ確率は、たった2・7％しかないんです。
田中 ようするに、打率3割6分の打者が

打率4割以上でシーズンを終える確率は2・7％しかないってことかい？

ヨシさん そういうことです。これは統計などで利用されている正規分布というものを使って出した結果なんですがね。

鈴木 へえ、そんなに低いんですか。それじゃあ、4割打つのが難しいのもわかるな。

ヨシさん そうですね。打数が多くなるほど非常に難しくなります。シーズン途中のある一定の短い期間だけをみると、打率が5割を超えているなんてことはありますけどね。

鈴木 高校野球なんかでも、そういう打者がいるもんな。

ヨシさん はい。しかし、シーズンを通して530打席となると、3割6分を打つ力を持っている打者が4割を超えて運良くシーズンを終了する確率はわずか2・7％しかないんですよ。

田中 なるほど。そうすると、これは精神的な壁とは言えないですね。むしろ統計数学的な壁とでもいった方がいいでしょう。

ヨシさん そうです。これは精神的なものが理由ではないってことだね。統計ではデータ数が多くなるほど、それだけ重みがぐっと増すんですよ。

打数が多くなると正規分布に近づく

打率3割6分の打者が4打数n安打となる確率を、n＝0、1、2、3、4について求めてみます。

n＝0の確率＝$(0.64)^4 ≒ 0.17$

n＝1の確率＝$4 × (0.64)^3 × 0.36$
　　　　　$≒ 0.38$

n＝2の確率＝$6 × (0.64)^2 × (0.36)^2$
　　　　　$≒ 0.32$

n＝3の確率＝$4 × 0.64 × (0.36)^3$
　　　　　$≒ 0.12$

n＝4の確率＝$(0.36)^4 ≒ 0.02$

上で求めた結果をグラフにすると、次のようになります。

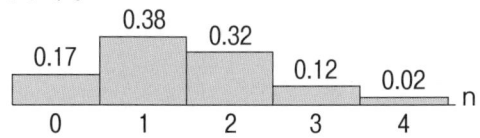

そして、打率3割6分の打者が530打数n安打となる確率を同じように求めると、次の正規分布といわれる山型のグラフに近づくのです。

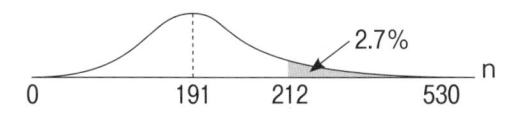

上のグラフでn＞212の範囲が2.7％ということなのです。

【参考】
新体系・高校数学の教科書－下（講談社ブルーバックス）（P 337）

39 忍者の護身術

ここはある中学校の自習室です。ところが、いたずら好きの2人の男の子、小田君と上杉君はノートに落書きをしながらワイワイ騒いでます。
そこへヨシさん先生が現れました。2人はあわててノートを隠しました。

ヨシさん おい君たち、数学の宿題もしないで、いったい何をやってるんだ。今、隠したノートを出しなさい！

小田 ごめんなさい。これからちゃんと宿題をしますから許してください。

ヨシさんがノートを見ると、そこにはアニメに登場する忍者が描かれていました。

ヨシさん はは〜、君たちは数学の宿題ではなくて、忍者の絵を描いていたのか。ならば

自習は、忍者のことを考えることでもいいぞ。

上杉 えっ、本当ですか？

ヨシさん 忍者っていうとカッコイイというイメージしかないだろう。だけど忍者はたくさん数学のアイデアを使っていたんだ。

小田 へえ、どういうふうに数学を使ってたんですか？

ヨシさん たとえば刀を上段から振りおろすとき、大きな円を描くことになるだろ？

上杉 はい。そうですね。

ヨシさん すなわち、刀を使うためには、大きな円を描くことのできるだけのスペースが必要だということなんだ。わかるかい？

小田 はい、わかります。

ヨシさん 忍者屋敷では刀を振り回すことができないように、わざと天井を低くしてるんだよ。そうすると侵入してきた賊は、刀を使うことができないだろ。そこで忍者は手裏剣で反撃するんだ。

上杉 そうか。手裏剣なら狭い場所でも使用できますからね。

ヨシさん そうだね。さらに正四面体って知ってるかい？

小田 知ってます。正三角形を4つ組み合わせた立体ですよね。

ヨシさん 正解だ。正多面体には何種類かあるけど、置いたときに先がとがっているのは正四面体だけなんだよ。君たちはマキビシという道具を知っているかい？

上杉 知ってます。忍者が逃げるときなどにまく画ビョウみたいなやつでしょ。

ヨシさん マキビシは正四面体のような形をしているので、まかれたマキビシは必ず先がとがった状態になるんだ。画ビョウだと針が下を向いちゃうこともあるからね。

小田 そうかあ。やっぱ忍者ってスゴイなあ。そんな数学的な知識を活用しながら戦っていたんですね。

第4章 社会を数学で考えれば、未来が見えてくる

確率½で開く仕掛け扉の謎

　生徒たちに説明したこと以外にも、忍者たちはさまざまな数学的なアイデアを使って身を守っていたことがわかっています。

　忍者屋敷には、いたるところに仕掛けがほどこしてあります。たとえば、左右どちらか一方だけを押したときにしか回転しないようになっている扉です。

　さらにこの扉は、右を押して回転したら次は左を押さないと回転しないようになっています。もちろん、見知らぬ者にとっては左右どちらを押したら回転して前に進めるか、一見しただけでは分かりません。

　ようするに確率2分の1でしか開かないようになっているのです。

　こうした仕掛け扉のようなものが何カ所も設置されているので、侵入してきた賊は、それだけ時間を浪費することになります。

　2分の1の確率で開く仕掛けが、屋敷の奥にたどり着くまでの間に、5カ所設置されていれば、それらをスムーズに通り抜ける確率は、

　1/2×1/2×1/2×1/2×1/2＝1/32

になるからです。

　その間に、屋敷の住人は賊を迎え撃つ体勢を整えたり、逃げたりすることができるというわけです。

【参考】いかにして問題をとくか 実践活用編（丸善出版）（P83）

40 競馬の予想は任せなさい

ヨシさんが競馬場の前を通りかかったときのことです。人だかりがしているのでのぞいてみると、競馬の予想屋さんでした。

予想屋 みなさん、わしの予想を聞いて損はないよ。正直言って、わしの予想は当たることもあれば、外れることもある。神さまじゃないんだから、百発百中とはいかないよ。もし百発百中当てることができたら、今頃わしはハワイの豪邸で、のんびりしてるな。

お客 あっはははは。そりゃそうだ〜!

予想屋 というわけで、わしの予想は当たることもあれば、はずれることもある。まあ、当たる確率は五分五分の2分の1ってところだな。

お客 それくらいなら俺だって、できるかもしれないぞ〜!

予想屋 お客さん! これからが大切なところなんだよ。まあ、聞いてくれ。ここにある、

わしが過去に予想した結果の戦績表を見ておくれ。ある期間の40戦の結果は、22勝18敗だよ！

お客 ほう〜、勝ちの方が少しは多いってわけだ！

予想屋 お客さん！ いいところに気がついたね。わしは、自分の予想に関する結果は正直に公表してるんだよ。負けは負け、勝ちは勝ちとね。

お客 それはありがたいね。

予想屋 そのうえだ。聞いて驚くなよ。最終的な収支は投資金額の10倍だよ！ 10倍！

お客 10倍だって〜？

予想屋 そうよ。どうだい、お客さん、わ

しの予想を少しは信じて試してみる気になったかい？今日は特別価格で提供するよ！

そこへヨシさんが話に加わってきました。

ヨシさん 確率2分の1の勝負事で40戦中、22勝18敗ですか。そのうえ戦績をよく見ると、常に勝ち星が先行してますね。

予想屋 そうよ。ダンナも一つ、わしの予想を試してみないかい？たいしたもんですな。

ヨシさん 今、ざっと計算したところでは、コインの裏表のように確率2分の1の勝負事で40戦中、22勝18敗になったとします。それを前提として常に勝ち星が先行する経過をたどる確率は、たった10％しかありません。

予想屋 そんなことが本当にわかるのかい？

ヨシさん わかります。結果から逆向きに考える確率計算をすることで求めることができます。常に予想屋さんの言うようになるのなら、私も試してみる気にもなりますが、もしや、たった10％の確率を、さも90％ぐらいの確率に話していませんか？

第4章 社会を数学で考えれば、未来が見えてくる

結果から考える確率

前述したように、勝つか負けるかのような確率2分の1の勝負事をして40戦中、22勝18敗だったとし、そのもとで常に勝ち星が上まわっていた経過をたどる確率は10%しかありません。

これを求めるには結果から考えるという確率計算をします。その簡単な例を挙げましょう。

コインを4回投げたところ、表が1回出たことだけが分かっています。それは次のようにして、1回目に表が出た確率が求められます。

表が1回出る場合は、全部で以下の4通りがあります。

表－裏－裏－裏
裏－表－裏－裏
裏－裏－表－裏
裏－裏－裏－表

上記の4通りそれぞれは、どれも同様に確からしい現象です。そこで、その4通りのうちの最初の場合(最初に表が出る)が起こった確率は1/4となるのです。

【参考】いかにして問題をとくか 実践活用編(丸善出版)(P85)

パチンコ台を叩かないでください

ヨシさんが馴染みの飲み屋に行くと、カウンターでヨシさんと同年代のカズさんが1人でしょんぼり飲んでいます。

ヨシさん カズさん、どうしました？ 何かあったのですか？
カズさん おう、ヨシさんかい。どうもこうもないよ。パチンコで、すっちまってね。
ヨシさん パチンコですか。
カズさん そうなんだよ。あっという間に5万円！ 今のパチンコは負けるときは早いね。それで頭にきて台を叩いていたら店員に注意されてね。そのままふてくされて、ここでやけ酒を飲んでるってわけさ。
ヨシさん はあ、確かに今のパチンコは、昔に比べてハイリスク・ハイリターンになってますからね。

カズさん そうそう。勝つときは10万位いくこともある反面、負けるときは万札がどんどんなくなっていくからね。手打ちでチューリップが開いたのなんだのって言っていたときが懐かしいよ。

ヨシさん あっはは。そういう時代もありましたね。今のパチンコは、当たりはずれが確率で決まるだけの機械ですからね。

カズさん そうだよなあ。私のようなアナログ人間にはデジタルってやつがどうも性に合わなくてね。

ヨシさん 私も学生時代、俺の指でこの店をつぶしてやると思ってパチンコ店へ入ったものの、出るときはうなだれて出てきたなんてことが何度もありましたよ。

カズさん あっははは。あったあった。ところで、今のパチンコは確率っていうけど、勝つのはどのくらいの確率なんだね？

ヨシさん 大当たりの確率はどのくらいですか？

カズさん 今日やった台は、大当たりの確率が333分の1かな。

ヨシさん そうすると、10玉で1回くらいの割合でデジタルが回転するとして、各1玉が大当たりになる確率を3333分の1としましょう。

カズさん なるほど。それで？

ヨシさん 1時間に玉を約5千玉打ち出すとして、その間に大当たりが4回以上出ると勝ち、3回以下で負けとなりますね。

これを事故死など、まれにしか起きない事象を分析するときに使用するポアソン分布という統計数学を使って分析すると、1時間に4回以上大当たりする確率は、たった6・6％くらいしかないですね。

カズさん たった6・6％かい。わかってはいたけど、それではなかなか勝てないわけだよなあ。パチンコするより、ここでヨシさんと飲んでた方が楽しいかもな。

第4章 社会を数学で考えれば、未来が見えてくる

ポアソン分布で考える パチンコで勝つ確率

ポアソン分布というのは「交差点で事故が発生する確率」とか「落雷にあう確率」など、めったに起きない出来事の確率を考えるときに便利な方法で、誰でも簡単に利用できるものです。

これはフランスの数学者、シメオン・ドニ・ポアソンが発表したことからポアソン分布と呼ばれるようになりました。

人口2万人の町で、1年間の自動車事故による死亡者数が5人以上になる確率を求めてみましょう。ただし、1年間の自動車事故による死亡率は各人とも0.011%とします。

P＝0.00011　n＝20000　nP＝2.2

上の3つの数値をポアソン分布表に照らし合わせてみることで、

年間死亡者数が5人以上の確率
＝0.072＝7.2％

が直ぐに分かります。

ポアソン分布表はインターネット検索で簡単に見つけることができます。

【参考】経営ビジネス数学（共立出版）（P78）

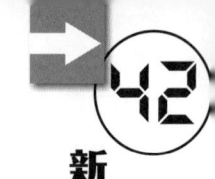

42 新聞拡販戦争のゆくえ

ヨシさんが公園のベンチに座って読書をしているときのことです。近くで新聞販売員の若者が2人、プレゼント用の洗剤などを積んだバイクを停めて話をしています。2人は幼なじみながら、たまたまA新聞とB新聞というライバル関係にある新聞販売店に勤めているようです。この地域には、この2つの新聞販売店しかありません。

若者A 最近、調子はどうだい？

若者B 新聞をとりたいという家が、少しずつ減っているよ。

若者A そうだよな。こっちも同じだよ。ネットでニュースが読める時代だからな。

若者B とはいえ、そっちのA新聞の読者の方が、まだまだB新聞より多いだろ？

若者A まあな。今、新聞をとってくれている家の総数がこの先も変わらないとすると、うちのA新聞の読者が来年もA新聞をとり続ける割合は8割、そちらのB新聞に移る割合

> このままでいくと、A新聞とB新聞のシェアは、6割と4割でほぼ一定になりますよ
>
> A新聞に奪われることはありませんよ
>
> つまり…
>
> へぇー!!
>
> オレたちの友情も、このまま続くな
>
> そうだな♡
>
> はっはっはっ

は2割くらいだろうからな。

若者B その点、うちのB新聞の読者が来年もB新聞をとり続けてくれる割合は7割ってところだろうね。あとの3割は、そちらのA新聞に移るってわけだ。

若者A うん、そんなところだろうな。

若者B そうすると、やはりそちらのA新聞の方が強いよな。

若者A そんな感じだな。でも、なんだかんだ言って、そちらのB新聞もねばってるよな。

若者B そうなんだよね。A新聞に完全にシェアを奪われそうでいて、そうならないもんな。これって不思議だよな。

若者A うん。そういえば、かなり不思議

かも。

そこへヨシさんが声をかけました。

ヨシさん ちょっとよろしいですか。今、お2人がお話していたことなんですが、そのA新聞とB新聞をそのまま読み続ける読者と、他紙へ移動する読者の割合が、今後もこのままの状態が続くとすると、A新聞のシェアは6割、B新聞のシェアは4割で、ほぼ一定になりますよ。

若者A へえ、そうなんですか？

ヨシさん これは数学の推移確率行列というものから、このように計算できるんです。

若者B そうすると、うちのB新聞は、このままの状態で推移しても、4割のシェアは確保できるってことですか？

ヨシさん そういうことです。A新聞のシェアの方が、どんどん大きくなるように見えますが決してそうではありません。最終的には、先ほど言ったA新聞6割、B新聞4割のシェアに落ち着くと推測できるんです。だから、お2人の仲は壊れませんよ。

推移確率行列で考える一定の状態への収束

推移確率行列とは、ある状態からある状態へ移り変わっていく確率を、行列として表したもののことです。この場合、推移確率行列は

$$\begin{pmatrix} AからA & AからB \\ BからA & BからB \end{pmatrix} = \begin{pmatrix} 0.8 & 0.2 \\ 0.3 & 0.7 \end{pmatrix}$$

と考えられます。そして、この行列を次々と掛け合わせていくのです。

$$\begin{pmatrix} 0.8 & 0.2 \\ 0.3 & 0.7 \end{pmatrix} \times \begin{pmatrix} 0.8 & 0.2 \\ 0.3 & 0.7 \end{pmatrix}$$

$$= \begin{pmatrix} 0.8 \times 0.8 + 0.2 \times 0.3 & 0.8 \times 0.2 + 0.2 \times 0.7 \\ 0.3 \times 0.8 + 0.7 \times 0.3 & 0.3 \times 0.2 + 0.7 \times 0.7 \end{pmatrix}$$

$$= \begin{pmatrix} 0.7 & 0.3 \\ 0.45 & 0.55 \end{pmatrix}$$

$$\begin{pmatrix} 0.7 & 0.3 \\ 0.45 & 0.55 \end{pmatrix} \times \begin{pmatrix} 0.8 & 0.2 \\ 0.3 & 0.7 \end{pmatrix} = \begin{pmatrix} 0.65 & 0.35 \\ 0.525 & 0475 \end{pmatrix}$$

⋮

そうすると、次第に

$$\begin{pmatrix} 0.6 & 0.4 \\ 0.6 & 0.4 \end{pmatrix}$$

という行列に近づいて、結論が導かれるのです。

【参考】
新体系・高校数学の教科書－下（講談社ブルーバックス）（P93）
経営ビジネス数学（共立出版）（P62）

43 生徒を惑わす入試の奇問は許しませんぞ

ヨシさんがカフェテリアでコーヒーを飲みながら読書をしているときのことです。隣の席に来た母親と男の子が、さきほどから泣いているようです。それを見ていたヨシさんは、2人に声をかけました。

ヨシさん どうされたんですか？

母親 実は今日、息子が受験したA中学の合格発表がありまして、落ちたことがわかったんです。

ヨシさん ああ、あの有名私立中学ですね。

母親 はい。でも、算数の問題がまったく解けなくて落ちたのならまだ私も納得するんですが、この子は問題を解く能力があるにもかかわらず、わざわざ変な答えを書いて間違えたようなんです。

ヨシさん ほう〜、私に詳しいお話を聞かせてくれませんか？

母親 はい。これなんです。息子が変な答えを書いた算数の問題です。

ヨシさん どれどれ。どんな問題ですかな？

問1・40％の食塩水100gと50％の食塩水100gを混ぜたら何％の食塩水になりますか？

問2・1g、3g、9gの分銅が1つずつあります。天秤を使うことによって計ることのできる重さを全て書きなさい。

母親 この2つの問題に対し、息子は次のような答案を書いてしまったんです。

問1・食塩水は100度での最高濃度が28・2%です。だから食塩の濃度が40%や50%の食塩水を作ることはできません。よって、この問題は成り立ちません。

問2・天秤の左右両方に分銅を乗せていいのか、片方だけにしか分銅を乗せることができないのか、それが指示されていない問題は欠陥です。

ヨシさん ワッハハハハ！ これは傑作だ！ あなたの息子さんは大物ですぞ！
母親 どういうことですか？ これで入試に失敗したんですよ！
ヨシさん 私が受験生なら息子さんと同じ答案を書きますよ。困ったものですが、このような奇問が中学入試では相変わらず時々出題されているんです。お母さん、泣くことはありませんぞ。息子さんはきっと将来大物になります。君もこんなことで自信をなくすことはないぞ。個性的で立派な人生を送っているんだからね。

ありえない食塩水濃度、解釈が２通りの問題

これらの問題は、数字を変えてはいますが、実際に中学入試で出題されたことのあるものです。

食塩水の問題のように、たとえ算数の問題であっても、理科的にありえない問題を出題してはいけません。

単に問題のためだけの問題であってはいけないのです。

一方、天秤の問題は、片側だけに分銅を乗せた場合という暗黙の前提をもとに出題されているようですが、それが問題文のどこにも記述されていないのは、やはり欠陥問題といえます。ちなみに左右両方に乗せることを許すと、１ｇ、２ｇ…、13ｇまですべて計ることができます。

出題者側の暗黙の了解は、あくまで出題者の勝手な認識にすぎません。

ですからこうした欠陥問題は、たまたま出題者と認識が一致した人しか正解を出せないということになります。

問題の解釈が何通りもあり、生徒によって解釈が異なるようなことがあってはいけないのです。

【参考】日本数学教育学会誌87巻６号（2005年）

44 解けなくても解ける数学マークシート問題

ヨシさんがいつも通る公園に行くと、マサオ君がしょんぼりベンチに座っています。

ヨシさん やあ、マサオ君。どうした？ なんか元気ないぞ。

マサオ こんにちは。大学入試の数学で失敗しちゃったんです。

ヨシさん さっきは中学入試で、今度は大学入試か。みんな苦労してるな。それで、どんな失敗をしたのか話してごらん。話せば少しは気が楽になるかもしれないよ。

マサオ はい。数学のマークシート問題で、こんなのが出たんです。

ヨシさん どれどれ、見せてごらん。

マサオ君はヨシさんに入試問題を見せました。

〔数学入試問題〕

$xyz = 1$
$x + \frac{1}{x} = a$ $y + \frac{1}{y} = b$
$z + \frac{1}{z} = c$ このとき、
$a^2 + b^2 + c^2 - abc = \square$
を求めよ。

あの問題さあ、
わざわざ難しい
代人なんか
しないよな〜
時間のムダ!!

しない
しない

ふふん

ガーン
ぞっ!?

ヨシさん それで、この問題を間違えたってことかい？

マサオ いえ、この問題はちゃんと解いて正解しました。でも、この問題に時間をかけすぎちゃったので時間がなくなってしまい、他の問題のいくつかが解けなくなっちゃったんです。

ヨシさん なるほど。それで落ち込んでるのかい？

マサオ いえ、あとで他の受験生に聞いてみたら、みんなはこの問題を僕よりずっと早く解いてるんです。

ヨシさん ほう、どういうことだい？

マサオ 僕は、これらの式を全てそれぞれ文字式のまま代入して答えを求めたんです。

ヨシさん その方法でいいと思うが、それがどうかしたのかい？

マサオ それが、他の受験生は裏技を使用して解いてるんです。

ヨシさん 裏技って、どんな方法だい？

マサオ 簡単にいえば、具体的な数値を当てはめて解く方法です。

ヨシさん ほう。それは困ったもんですね。確かにその方法でも正解を見つけることができるけど、それはインチキ。マサオ君のように正しく問題を解いた受験生がバカをみるようなことがあってはいけませんね。

マサオ そう言ってもらえると、気持ちが楽になります。

ヨシさん 私は、マサオ君のように正しいプロセスを経た解答を評価する時代が必ず来るようにしたいと思ってるよ。だからこれからも正しいプロセスで解答する姿勢を大切にしなさい。私はマサオ君を応援し続けるからね。今度、ビールでも一杯ごちそうするよ。

マサオ はい。ありがとうございます。少し元気が出てきました。でも、ビールの方は、私はまだ19歳なので飲めないんですよ。

第4章 社会を数学で考えれば、未来が見えてくる

文字変数に具体的な数値を代入すれば解けてしまう

マサオ君が説明した他の生徒が行ったという解き方は次のようなものです。

$x=y=z=1$ は $xyz=1$ を満たす。このとき
$a=b=c=2$
となる。そして、与式の等号はこの状況でも成り立つので、
$a^2+b^2+c^2-abc=4+4+4-8=4$

このように、具体的な数値を代入することで、正解を見つけてしまうというわけです。
しかし、マサオ君のようにa、b、cにそれぞれ

$x+\dfrac{1}{x}$、$y+\dfrac{1}{y}$、$z+\dfrac{1}{z}$

を代入して真面目に解いた受験生が時間的に損をするようなこうした問題は、それこそ「問題」です。
マサオ君のように正しいプロセスでなければ求めることができない問題にすることは言うまでもありませんが、正しいプロセスで解答する姿勢を評価するような記述式テストを実施する必要があります。

【参考】
出題者心理から見た入試数学（講談社ブルーバックス）（P51）

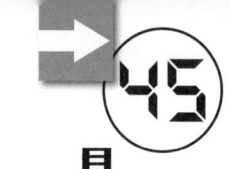

45 見た瞬間に答えがわかる数学マークシート問題

マサオ君と別れたヨシさんが、予備校の前を通りかかったときのことです。ある大学の入試問題について、何人かの女子生徒が話している内容を聞いて、ヨシさんは思わず立ち止まりました。

生徒A　この前の入学試験の数学に三角関数の問題があったでしょ？
生徒B　うん、あったあった。
生徒C　三角関数で□にあてはまる数値は何かってやつね。
生徒A　そう、それそれ。
生徒B　それって本当は周囲にある式から答えを求めないといけないんでしょ？
生徒A　そうなんだよね。でも、あれってそんな面倒なことしなくても答えがわかっちゃったでしょ。

問. $\sin\Box\,\theta$
$\sin\dfrac{\theta}{\Box}$

$\sin 2\theta$
$\sin\dfrac{\theta}{2}$
$\sin 2\theta$
$\sin\dfrac{\theta}{2}$

$\sin 2\theta$

当然 2〜!!

生徒C そうだよね。三角関数とかで、こういう形をしたものって、教科書には□の位置に2があるものしか見たことないもんね。

生徒A そう、そう。私なんて、もともとそれしか知らないから、当然、□には2を入れちゃったわよ。あっはは。

生徒B 私もそうよ。そしたら、ちゃんと正解だもんね。

生徒C 私もそう。あんなの問題に出す意味がないよね。でも正解したからいいか！

生徒A うんうん、ラッキー！ってなもんよ。

マサオ君の話を聞いたばかりだったヨシ

さんは一言言わずにはいられませんでした。

ヨシさん　バカもん！　そんな方法は、本来ならインチキ行為だ！

いきなりどなられた女子生徒たちは、目を丸くしてヨシさんを見つめています。

ヨシさん　数学の問題は、きちんとしたプロセスを経て解かなければ解く意味がないんだ。君たちのような方法で正解して、たとえ大学に合格したって、ちっともほめられたことではないよ。

生徒A　そんなこと言われたって、ねえ。バッカ（小声）。
生徒B　そうよ。あんな問題を出す方がいけないんじゃないですか？
生徒C　私もそう思います。おじさんの言うこともわかるけど。
ヨシさん　確かに、そういった問題を出す方もいけないんだ。でも、数学の問題を解くときは、きちんとプロセスを大切にする心を忘れないで欲しいんだ。突然、どなったりしてすまなかったな。こんなオジさんじゃ、君たちにはモテないね？

第4章　社会を数学で考えれば、未来が見えてくる

解答欄の形や履修範囲から答えが決まる

1つ前の話でも取りあげましたが、困ったことに数学のマークシート問題には、正しいプロセスを経ることなく解けるような裏技がいろいろあります。

たとえば現在の数学Ⅱの教科書では、積分する多項式の次数は2までなので、積分の式の中にxの□乗という問題があれば、□に入る数値は2になることがほとんどです。

もちろん、女子生徒たちが話していた

$\sin\square\,\theta$、$\sin\dfrac{\theta}{\square}$

でも当てはまることです。

これに関しては、実際に1998年から2003年の大学入試センター試験の数学のマークシート問題を調査した結果、数学ⅡBでは8問中8問全て□の答えは2でした。

また私立大学入試でマークシート問題を用いる理由は採点コスト以外にも、マークシート問題で一刻も早く合否判定をして、入学金を早く納めてもらいたという事情があります。

【参考】
出題者心理から見た入試数学（講談社ブルーバックス）（P 69）

筆跡鑑定から文章鑑定の時代

ある会社の社長に強迫文を送りつけて大金を脅し取ろうと、犯罪者の2人が会話をしています。

子分 兄貴、昔は指紋や筆跡鑑定でぱくられたっていうじゃねえですか。

兄貴 そうよ。だから、以前はいちいち手袋をしてから雑誌や新聞の文字を切り抜いて強迫文を作っていたもんよ。

子分 それは面倒ですね。その点、今の時代はパソコンのワープロ機能で文章を作れるからいいですよね。

兄貴 おう、便利になったもんよ。指紋さえ気をつければ大丈夫だからな。

子分 では、あの社長にもう一発、パソコンで脅しの手紙を書いて、たっぷり金をまきあげてやりましょうぜ。

数日後、ヨシさんが警察署で何やら刑事さんに報告をしています。

刑事 いかがですか？ 分析の結果はでましたか？

ヨシさん はい。今回、実施したのは文章の計量分析という手法です。計量分析とは文章を数学的に分析することで、指紋によって書き手を推定しようというものです。

刑事 それで何かわかりましたか？

ヨシさん はい。この犯人の文章には、明らかな特徴がありますね。

刑事 具体的には、どのような特徴です

か？

ヨシさん 日本文の計量分析では、文章の長さ、品詞ごとの使用率、特定の単語の出現率、接続詞の使い方、漢字やカタカナの使用率、読点のつけ方などを調べます。とくに、無意識に行うことの多い読点のつけ方に個性が出やすいこともわかっています。

刑事 なるほど。

ヨシさん この脅迫状を書いた人物の文章には、漢字が少ない、接続詞が少ない、ある特定の言葉の使用率が高い、文章が短いなどの特徴があります。そして、読点のつけ方にも顕著な特徴があることがわかりました。

刑事 それで犯人は特定できましたか？

ヨシさん はい。以上の分析結果を総合した結果、かつて恐喝で逮捕された前科3犯のAと同一人物である確率が95％以上であると断定できます。

翌日、ヨシさんの分析結果通り、強迫文を送った犯人2人が逮捕されました。

計量分析の発展

古い文学作品や宗教書などの文献の中には、著者不明のものが数多くあります。

そうした問題を解決するための方法として、1851年にイギリスの数学者、オーガスタス・ド・モルガンが考え出したのが、文章を計量的に分析するというものでした。

文章には書き手ごとの特徴があるに違いない。文章に含まれている特定の言葉の出現率や単語の長さの平均値などを調べることによって、書き手を推定できるのではないかと、ド・モルガンは考えたのです。それまでは読み手の読後感などの主観的な判断でしか議論されることがなかったものに、数学的な考え方を取り入れたのです。

こうして文章の計量分析は欧米を中心に発達していきました。

ただし、文章の計量分析には、書き手が確実に特定できるという明確な指標がないことや、同じ書き手でも書く内容や書いた時の精神状態などによって、文体が異なる可能性もあり、まだまだ研究すべきことは多く残されているといえます。

【参考】「シェークスピアは誰ですか？ー計量文献学の世界」
村上征勝（文藝春秋）

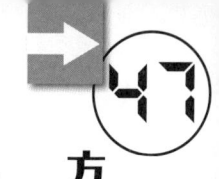

47 方向は別々でも実際は合併する選挙の数理

選挙が近づいてきたこともあり、ヨシさんはある政党の本部にまねかれています。会議場には、この政党の政治家たちが顔をそろえています。

政治家 ヨシさん、実は極秘なんだけど我々は某政党との合併も考えているんだよ。

ヨシさん ほう、そうなんですか。

政治家 そこでだ、比例選挙のドント方式では、合併によるプラス効果があることを説明してもらえないかね。

ヨシさん はい、わかりました。それでは比例選挙のドント方式について、ご説明しましょう。そもそもドント方式とは、各政党の総得票数をそれぞれ1、2、3…と順番に自然数で割っていき、その結果、割った得票数の多い政党順に、あらかじめ定められていた当選者分だけ議席を配分していく方法です。

表1	A	B	C	D
得票数÷1	21000	12000	11100	7800
得票数÷2	10500	6000	5550	3900
得票数÷3	7000	4000	3700	2600
得票数÷4	5250	3000	2775	1950
得票数÷5	4200	2400	2220	1560
得票数÷6	3500	2000	1850	1300

表2	A	B	E
得票数÷1	21000	12000	18900
得票数÷2	10500	6000	9450
得票数÷3	7000	4000	6300
得票数÷4	5250	3000	4725
得票数÷5	4200	2400	3780
得票数÷6	3500	2000	3150

CとDが合併

1人増

ヨシさんは部屋に用意されていたホワイトボードへ表を書き始めました。

ヨシさん たとえば立候補政党がA、B、C、Dの4政党で、それぞれの得票数が、A政党から順番に21000、12000、11100、7800だったとします。この選挙の当選者数が11人だとすると、ドント方式によって得票数を表（表1）にすると、このようになります。

政治家 この太線で囲まれている部分が当選ということだね？

ヨシさん そうです。ごらんのようにA政

党は5人、B政党は3人、C政党は2人、D政党は1人当選したということだ。

政治家 確かに、そうなるね。

ヨシさん そこでC政党とD政党が合併しE政党をつくった場合を表にしてみましょう。E政党の得票数は、C政党とD政党の得票数の合計とすると、この表（P203表2）のようになります。先ほどの表と同様に、太線で囲まれている部分が当選というわけだ。

政治家 A政党は5人で変わらないが、B政党が1人減って2人になり、C政党とD政党が合併してできたE政党が4人となり、合併する前のCとDの合計3人より1人増えたというわけだ。

ヨシさん そういうことです。このように合併することでプラス効果が生まれます。

政治家 合併することでマイナスになることはないのかね？

ヨシさん はい。ドント方式では合併によりプラス効果はあってもマイナスになることはありません。衆議院選挙の場合、各ブロックでプラス1になることもあり得ますよ。

政治家 ヨシさん、ありがとうございました。これで、あのウマの合わない政党とも合併する決意が固まりました。我々が政権をとったら、ヨシさんを文部科学大臣に指名しますよ。ぜひこの国の教育を改革してください。

第4章 社会を数学で考えれば、未来が見えてくる

比例選挙のドント方式

　ドント方式は比例代表選挙で、議席を配分するための計算方式のことです。
　これはベルギーの法学者ビクトル・ドントが考案したことから、ドント方式と呼ばれるようになったというわけです。
　日本では参議院議員選挙及び衆議院議員選挙の比例代表選挙でドント方式が採用されています。たとえば衆議院議員選挙の場合、全国を11のブロックにわけ、それぞれのブロックごとにドント方式による比例代表選挙を実施しています。小選挙区制では候補者の名前を書いて投票しますが、比例代表選挙では政党名を記入して投票します。そして、そのブロックにおける各政党の総得票数からドント方式により各ブロックごとに定められていた当選人数だけ当選者が決まる仕組みです。また、当選者は各政党が提出していた名簿順に決まるようになっています。
　前述したように、ドント方式の比例選挙においては、2つの政党が合併した場合、当選者数が合併前より減少することはありません。
　得票数が合併前の合計得票数と同じとして、合併後の当選者数は、合併前の人数と同じか、1人議席数が増えることが証明されています。

【参考】
新体系・高校数学の教科書－上（講談社ブルーバックス）（P 46）

悪徳政治家の反省の弁

これから金権スキャンダルが明るみになった悪徳大臣の記者会見が始まろうとしています。会見の席に悪徳大臣がつきました。

大臣 え〜、国民の皆様、このたびは私ごとで世間をお騒がせして誠に申し訳ありません。今後、このようなことがないよう……

突然、記者席に座っていたヨシさんが立ち上がりました。

ヨシさん 大臣！ 世間をお騒がせしたことは、金権スキャンダルを起こしたことの必要条件にすぎません！ 世間をお騒がせしたことの十分条件である金権スキャンダルを起こして申し訳ありませんと、なぜ言えないのですか！

大臣 君は何を言っているんだね？

ヨシさん 世間をお騒がせする程度のことなら、何も大臣だけがしているわけではありません。サッカーの本田だって、野球のイチローだって、アイドルグループのAKB48だって、世間をお騒がせしているではないですか！

大臣 だからどうだというんだ？

ヨシさん 大臣はこの国の舵取りをする責任ある立場にありながら、必要条件や十分条件の意味さえご存知ないようですな！

大臣 必要条件？ 十分条件だと？

ヨシさん そうです。ご存知ないなら、お教えしましょう。「pならばq」が成り立つとき、qをpが成り立つための必要条件

大臣 それと私のこの会見と、どういう関係があると言うのだ？

ヨシさん 大臣は先ほど「世間をお騒がせして誠に申し訳ありません」とおっしゃいました。だが、世間を騒がせたのは、金権スキャンダルを起こしたことで世間を騒がせた」のqにあたることです。このように世間を騒がせたのは「pならばq」のqにあたることです。

大臣 う、むむむむ……。

ヨシさん ですから大臣、ここは世間を騒がせたことの十分条件である金権スキャンダルを起こしたことこそを謝罪すべきだと申し上げているのです！

大臣 ううう、いまいましいヤローだ！　俺は論理なんて大嫌いだ！

ヨシさん 大臣！　現在、立場の違う国々の間で話をまとめることが本当の国際化として大切なことです。そのためには筋道をたてた論理的な主張をすることが最も重要なんです。だからこそ、これからは世間をお騒がせして申し訳ないなどと言わないで、悪いことをして申し訳ないと言える心を持っていただきたいのです！

208

論理的に考えるための必要条件と十分条件

一般的にpとqの2つの命題があり「pならばq」が成り立つとき、qをpが成り立つための**必要条件**、pをqが成り立つための**十分条件**と言います。

また、「pならばq」かつ「qならばp」が成り立つとき、qはpが成り立つための**必要十分条件**であると言います。

さらに「pならばq」という表の命題に対し、「qならばp」を逆、「pでないならばqでない」を裏、「qでないならばpでない」を対偶と言います。

そして対偶の「qでないならばpでない」が成り立つならば命題の「pならばq」も成り立ち、反対に命題の「pならばq」が成り立つならば対偶の「qでないならばpでない」も成り立ちます。

具体的な例で説明すると、次のようになります。

表　「$y=1$ならば$y \times y=1$」
逆　「$y \times y=1$ならば$y=1$」
裏　「$y \neq 1$ならば$y \times y \neq 1$」
対偶　「$y \times y \neq 1$ならば$y \neq 1$」

上の例では、表と対偶は正しく、逆と裏は間違っています。それは、−1と−1を掛けると1になるからです。

【参考】
新体系・高校数学の教科書－上（講談社ブルーバックス）（P 92）

おわりに

　昨年の秋深まった頃、本書の編集担当の清水賢二さんとお会いして新書執筆の相談を受けたが、本務校の仕事が多忙で、また既に執筆の企画が決定している書も何冊かあることなどから、当面はお引き受けすることが難しい旨を一旦お伝えさせていただいた。ところが話が進むうちに、私の無邪気な笑い話に注目していただいたこともあって、「笑いの溢れた数学読み物」の夢をこの機会に実現しようかという気持ちに傾いた。そして、今までに出版したすべての拙著は書き下ろしであったが、笑える内容を含む会話調の書の作成ならばライターやイラストレーターの協力も得られ易く、自分にとって新しいチャレンジになるかもしれないという気持ちになり、出版に向けた話がまとまったのである。

　当初の企画段階では「本にしてまとめるだけの多くの題材が集まるだろうか」という心配もあったが、数学は様々な事象を一般化して理解している面があり、それを特殊化することによって相当数の題材が集まる自信をもてた。実際、「おわりに」の後にまとめて紹

210

介させていただいた拙著をひっくり返し、数学の醍醐味が詰まった46項目を厳選し、アイドルグループの人数ではないが、46より48の方が座り心地がよい気持ちもあって、源氏物語の「宇治十帖」の研究などを通して日本の計量文献学を発展させた村上征勝先生の著作をヒントにしたもの、および日本数学教育学会誌に掲載された論文をヒントにしたものを加えて、全体の48項目が決定した。

後日、KKベストセラーズ本社の一室でライターの野口哲典さん、イラストレーターの小松亜紗美さん他を前にして、笑い話と数学の発想をまとめた48項目を丸一日かけて一気に述べさせていただいた。質疑応答も交えて長時間に渡って楽しく収録してもらうことができ、それが生き生きとした本書が完成した要点だったと振り返る。

本書は、編集者、ライター、イラストレーター、そして私の4人が連絡を密にとって仕上げた書である。一緒に作成していただいた皆様に、心から感謝する次第である。

2013年2月

芳沢光雄

参考拙著一覧（出版順）

ふしぎな数のおはなし（数研出版）
ノーベル賞を受賞した朝永振一郎が残した「ふしぎだと思うこと、これが科学の芽です」という言葉を思い出して書いた算数絵本。

子どもが算数・数学好きになる秘訣（日本評論社）
「好きこそものの上手なれ」という諺をモットーに書いた本。多くの内容は、後に出版した講談社現代新書に吸収させている。

経営ビジネス数学（共立出版）
高校数学の復習から始めて、数列から級数、確率と行列、統計、線形計画法、グラフと通路、多変量解析の考え方、を学ぶ書。

どうして？に挑戦する算数ドリル（数研出版）
問題形式によって説明力を育む書。計算さえ素早くできればよい、といった風潮を戒める狙いもあり、印税はユニセフに全額寄付。

置換群から学ぶ組合せ構造（日本評論社）
置換群や代数的組合せ論の入門となる専門書で、純粋数学から数学教育に軸足を移した後にまとめた書である。

数学でみがく論理力（日本経済新聞社）
数学の論理展開に潜む誤りを見つける力を育む書。多くの内容は、後に出版した拙著の見直し力を育むところに吸収させている。

参考拙著一覧（出版順）

数学的思考法（講談社現代新書）
数学の考え方を、数式をほとんど用いないで説明している書。大学の推薦入試や国語の入試問題としても多く用いられている。

算数・数学が得意になる本（講談社現代新書）
算数・数学のつまずきを研究した結果を踏まえて、つまずき易い箇所の解説を試みた書。ゆとり教育見直しのきっかけにもなった。

数のモンスターアタック（幻冬舎）
4人の子ども達が個性を発揮して怪獣を倒していく空想の算数物語。心の優しさを前面に出した書で、複数の国々で翻訳された。

ぼくも算数が苦手だった（講談社現代新書）
算数の計算は苦手だったが、数学者の道に入るきっかけをつくった小学生から中学生時代までの思い出を包み隠さず述べた書。

出題者心理から見た入試数学（講談社ブルーバックス）
大学入試の数学問題について、出題者側の立場から学習指導要領との関係、マークシート問題の問題点などを本音で述べた書。

数学で遊ぼう（岩波ジュニア新書）
数学教育活動を通して多数の小・中・高校で出前授業を行ってきたが、多くの生徒が興味・関心を示した題材をまとめた書。

参考拙著一覧（出版順）

新体系・高校数学の教科書　上・下（講談社ブルーバックス）
戦後の高等数学として学んだすべての内容を、大河が滔々と流れるようにまとめた書。生きた応用例が多く、索引を完璧にした。

新体系・中学数学の教科書　上・下（講談社ブルーバックス）
前著の中学数学版であり、最近の教育で軽視されがちな証明の学びに重点を置いている。とくに三平方の定理の応用を充実させた。

いかにして問題をとくか　実践活用編（丸善出版）
趣旨を前書きに明記しているが、G. ポリアの発見的教授法の世界を、誰もが平易に理解できるように身近な題材を用いて述べた書。

就活の算数（セブン＆アイ出版）
本務校の就職委員長時代に、適性検査非言語問題が苦手な学生を対象に夜間ボランティア授業を行い、その内容をまとめた書。

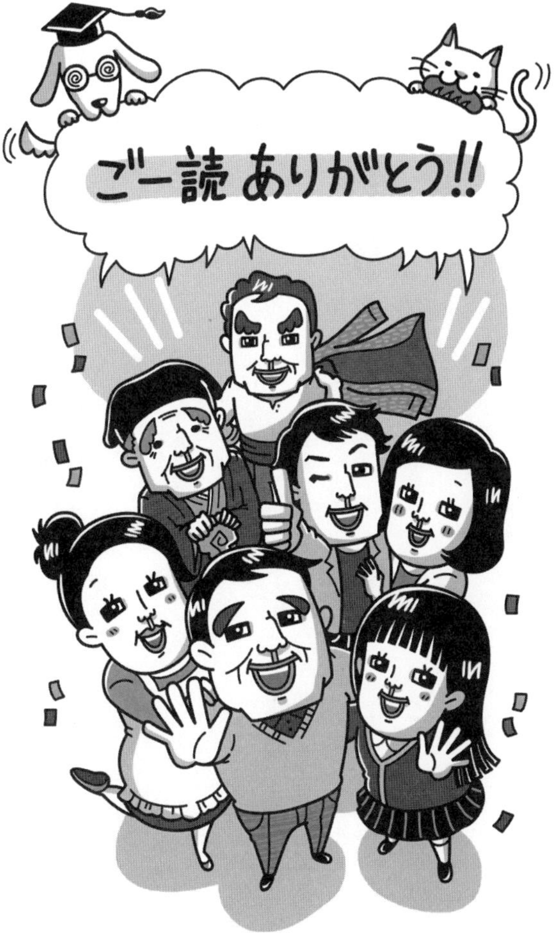
ご一読ありがとう!!

芳沢光雄(よしざわ　みつお)

1953年東京生まれ。東京理科大学理学部教授(理学研究科教授)を経て、現在、桜美林大学リベラルアーツ学群教授(同志社大学理工学部数理システム学科講師)。理学博士。専門は数学・数学教育。国家公務員採用Ⅰ種試験「判断・数的推理分野」専門委員、文部科学省委嘱「教科書の改善・充実に関する研究」専門家会議委員も務めた。『新体系・高校数学の教科書 (上・下)』、『新体系・中学数学の教科書 (上・下)』(ともに講談社ブルーバックス)、『数学的思考法』、『算数・数学が得意になる本』(ともに講談社現代新書)、『数学で遊ぼう』(岩波ジュニア新書)、『いかにして問題をとくか　実践活用編』(丸善出版)、『置換群から学ぶ組合せ構造』(日本評論社)など著書多数。

誰かに話してみたくなる数学小噺

二〇一三年三月二〇日　初版第一刷発行

著者◎芳沢光雄

発行者◎菅原茂
発行所◎KKベストセラーズ
東京都豊島区南大塚二丁目二九番七号　〒170-8457
電話　03-5976-9121(代表)　振替　00180-6-103083

装幀フォーマット◎坂川事務所
印刷所◎錦明印刷株式会社
製本所◎ナショナル製本協同組合
DTP◎株式会社オノ・エーワン

©2013 Yoshizawa Mitsuo
ISBN978-4-584-12398-0 C0241

定価はカバーに表示してあります。乱丁・落丁本がございましたら、お取り替えいたします。本書の内容の一部あるいは全部を無断で複製複写(コピー)することは法律で認められた場合を除き、著作権法および出版権の侵害になりますので、その場合はあらかじめ小社あてに許諾を求めて下さい。